Peter Becker | Marisa Becker

111 ungenutzte Pflanzen, die man gegessen haben muss

111

emons:

Bibliografische Information der Deutschen Nationalbibliothek
Die Deutsche Nationalbibliothek verzeichnet diese Publikation in der Deutschen Nationalbibliografie; detaillierte bibliografische Daten sind im Internet über http://dnb.d-nb.de abrufbar.

MIX
Papier aus verantwortungsvollen Quellen
FSC® C043106
FSC
www.fsc.org

Gestaltung: Eva Kraskes, nach einem
Konzept von Lübbeke | Naumann | Thoben
Kartografie: altancicek.design, www.altancicek.de
Kartenbasisinformationen aus Openstreetmap,
© OpenStreetMap-Mitwirkende, ODbL
Druck und Bindung: Grafisches Centrum Cuno, Calbe
Printed in Germany 2022
ISBN 978-3-7408-1200-3

Vorwort

Jede neue Pflanzenart, die wir essen, bereichert unseren Speiseplan mit ihrem einmaligen biochemischen Vitalstoffkomplex und birgt die Chance, dem Mosaik unserer körperlichen Konstitution wichtige neue Impulse zu liefern. Es heißt, weltweit gebe es 50.000 essbare Pflanzen, die unserer Gesundheit zuträglich wären, und gleichzeitig über 40.000 Krankheiten, die unsere Gesundheit bedrohen. In der Hoffnung, dass es für jedes Zipperlein ein Kraut gibt, ist die Erschließung und Vermarktung neuer Speisegewächse die beste Möglichkeit, ihre Erforschung zu finanzieren.

Im Moment spielen aber nur rund 30 Pflanzen eine nennenswerte Rolle auf unserem Speiseplan. Die Folge sind riesige Monokulturen und eine sinkende Artenvielfalt. Aber genau die brauchen wir, um in einer vom Klimawandel geprägten Welt zu (über)leben. Wir brauchen widerstandsfähige Arten, die auch mit Dürre und Starkregen zurechtkommen. Die 111 Pflanzen, die wir in diesem Buch vorstellen, sind daher als Chancen zu verstehen, die es zu ergreifen gilt. Jede dieser Pflanzen bietet uns die Möglichkeit, unsere Ernährung vielfältiger zu gestalten, die Agrobiodiversität zu erhöhen und den fairen Handel aktiv zu fördern.

Viele der Pflanzen, die wir vorstellen, kann man sogar vor der eigenen Haustür sammeln. Einige davon, wie Löwenzahn, Gänseblümchen oder Spitzwegerich, kennen Sie sicher schon, und sie zu erkennen fällt Ihnen leicht. Bei anderen Pflanzen ist das aber schwieriger und kann sogar gefährlich werden. Deshalb empfehlen wir Ihnen, sich ein Wildkräuter-Bestimmungsbuch zuzulegen, wenn Sie selbst Wildkräuter sammeln möchten. So sind Sie auf der sicheren Seite.

Wir wünschen Ihnen viel Freude bei der Lektüre und hoffen, dass wir Sie dazu inspirieren können, die ein oder andere neue Pflanze auf Ihren Speiseplan zu setzen. Eins sei noch gesagt: Wir haben versucht, möglichst genderneutrale Umschreibungen zu finden. Wo das nicht gelungen ist, schließt die männliche Form jeweils die weibliche mit ein.

111 ungenutzte Pflanzen

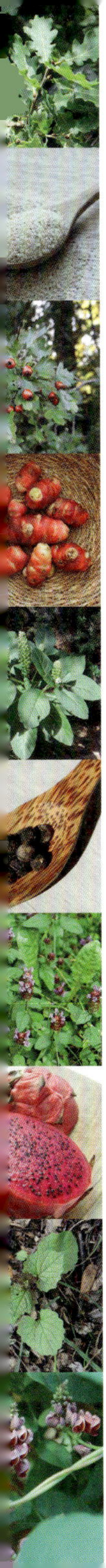

1 Açaí

Superfood aus Südamerika

Die Açaí-Beere, die Frucht der Kohlpalme, wird aktuell sehr gehypt. Seit 2005 ist sie als Superfood in den USA und Europa bekannt, da ihr Gehalt an Antioxidantien, Vitaminen und Mineralstoffen sehr hoch ist - aber nicht höher als der vieler anderer, bekannterer Früchte, wie zum Beispiel Heidelbeeren. Die versprochenen Wirkungen, von Gewichtsabnahme bis zur sexuellen Stimulation, sind allerdings nicht wissenschaftlich belegt.

Neben den Früchten wird auch das sogenannte Palmherz der Kohlpalme vermarktet. Als »Heart of Palm« bezeichnet man das essbare Bildungsgewebe im Vegetationskegel des Stamms. Das Palmherz zu ernten ist in der Kultur der Kohlpalme sehr nachhaltig, weil sie in ihren vielen Schößlingen immer wieder neu austreibt. Ihre Verwandte, die Jussarapalme, ist in ihren Beständen bedroht, weil sie außer ihrem Hauptstamm kaum austreibt, aber ebenfalls das Palmherz vermarktet wird. Mit dem strategischen Kauf von Açaí-Beeren und Palmherz-Produkten, die von der Kohlpalme stammen, könnten wir also dazu beitragen, die Bestände der Jussarapalme zu schützen.

Auch Pfirsichpalmen haben viele eigenständige Triebspitzen. Deshalb lassen sich auch bei dieser Art einige Herzen entnehmen, ohne die Pflanze zu töten. Durch die Kenntnis dieser Zusammenhänge können wir Konsumenten am anderen Ende der Welt unseren Teil leisten, um eine nachhaltigere Entwicklung in diesem Bereich fördern.

Açaí-Beeren ergeben ein wunderbares Dressing: Dafür sollte man sie aufkochen, mit weißem Balsamico und etwas Pflanzenöl pürieren. Das Aufkochen ist wichtig, denn nur so werden die Erreger der Chagas-Krankheit getötet, die man oft auf den Beeren findet. Neben der Verwendung als Lebensmittel wird die Palme auch auf andere Arten kommerziell genutzt. Die Blätter werden zu Hüten, Matten, Körben und Besen verarbeitet, und das Holz wird als Baustoff eingesetzt.

Im Handel findet man gefriergetrocknetes Açaípulver, gefrorenes Açaímus oder Pellets als Zugabe in Smoothies, Säften, Desserts oder Salaten. Dies stammt in der Regel aus Brasilien. Palmherzen findet man als Feinkonserve in Dosen oder Gläsern, zumeist aus Brasilien, Ecuador oder Thailand unter dem deutschen Namen als »Hearts of Palm« oder Palmitos.

2 Ackerschachtelhalm

Ein nützliches Unkraut

Diese uralte Pflanze, die man oft versteinert in Kohlelagern findet, dient schon seit der Antike als Gemüse, Tierfutter und Arznei. Gleichzeitig wird sie aber das »lästige und schwer ausrottbare Unkraut« genannt, da sie neben Böschungen, Wegrändern und Wiesen auch Gärten, Weiden und Ackerland heimsucht. Das blütenlose Zinnkraut ist auch deshalb bei Gärtnern verhasst, weil es einen ausdauernden Wurzelstock ausbildet, der bis zu 1,60 Meter tief in den Boden wächst. So kommt es vor, dass der Ackerschachtelhalm ganze Beete dominiert. In dem sich breit und tief ausbreitenden, unterirdischen Stamm werden in knollenartig angeschwollenen Stängelstücken die Nährstoffe abgespeichert. Mit deren Hilfe bauen sich ab März die Frühjahrstriebe auf. Der Ackerschachtelhalm braucht diese Vorräte, weil es den Trieben am nötigen Chlorophyll mangelt, um sich selbst zu versorgen.

Ab März erscheinen zunächst astlose weiße Triebe, die in ihrem braunen Kolben Sporangien tragen. Die Kolben, die nach Pilz schmecken, kann man als Gemüse braten oder als Zutat für Omeletts verwenden. In ihnen werden die Sporen zur Vermehrung produziert. Sie sterben ab, sobald die Vermehrung gesichert ist, und ab Mai folgen sterile Laubtriebe, die aussehen wie kleine Tannenbäume. Aus ihnen kann man ab Juni ein leckeres Pesto herstellen oder sie wie Gemüse zubereiten. Sie machen sich zum Beispiel gut als Einlage in Suppen oder Teil eines Auflaufs. Auch die jungen Knollen des Ackerschachtelhalms kann man essen. Später werden sie herb und zäh und eignen sich nur noch für Tee.

Die Pflanze ist auch als Zinnkraut bekannt, weil ihre älteren Sprossen sehr viel Silizium bilden, mit welchem früher Kupfer und Zinn poliert wurden. Beim Ernten sollte man vorsichtig sein, denn die Pflanze ist leicht zu verwechseln mit dem Sumpfschachtelhalm. Deshalb empfiehlt es sich, vorher genau einen Wildkräuterführer zu studieren.

Ackerschachtelhalm gibt es als Heilpflanze in Drogerien und Apotheken. Unter dem Namen »Zinnkraut« findet man ihn auch getrocknet als Tee. Außerdem kann man ihn als Topfpflanze in Online-Kräutershops und Gärtnereien beziehen.

3 Annatto-Strauch

Stark in Farbe und Geschmack

Ursprünglich kommt der Annatto-Strauch aus Süd- und Mittelamerika. In spanischsprachigen Ländern ist er als Achiote bekannt und eine wichtige Kulturpflanze. Vor allem seine roten Kapselfrüchte machen den Strauch zu etwas ganz Besonderem, denn diese eignen sich nicht nur als Gewürz, sondern auch als Färbemittel. Aus den rot-braunen Samen wird ein Farbstoff gewonnen, der industriell in die Herstellung von Lippenstift eingesetzt und bei einigen indigenen Völkern Südamerikas zur Körperbemalung genutzt wird.

Im Süden Mexikos, Costa Rica und Nicaragua wird der Achiote-Samen als Gewürz verwendet. In Form einer Paste dient er als Grundlage für das in Yucatán beliebte traditionelle Gericht Cochinita Pibil oder wird, mit Wasser zu einer Paste vermengt, zum Marinieren von Fleisch eingesetzt. Achiote hat einen relativ schwachen, aber charakteristisch erdigen Geschmack und verleiht den Speisen zugleich eine schöne Farbe. Als Reisfärbemittel findet es ebenfalls in Südamerika Verwendung. In Frankreich dient der Farbstoff als Zusatz für Mimolette-Käse, und in der Karibik werden die Samen in Fett oder Öl erhitzt, abgeseiht und das Fett dann zur Zubereitung von Fleisch oder Gemüse verwendet. Der Annatto-Strauch und insbesondere seine Früchte sind also bekannter, als es auf den ersten Blick scheinen mag.

Auch therapeutisch wird Annatto genutzt. Durch den hohen Gehalt an der Vitamin-E-Variante Tocotrienol gilt die Pflanze als entzündungshemmend und wird als Heilmittel gegen Bronchitis und Augenentzündungen eingesetzt. Die Pflanze ist insgesamt also sehr vielseitig nutzbar und spannend. Sie hat sich ihren Platz auf dem Speiseplan der Zukunft verdient. Auch deshalb, weil sie durchaus das Potenzial dazu hätte, fair gehandelt zu werden.

Ob als Gewürz, Färbemittel oder Heilpflanze – diese roten Körner sind eine spannende Zutat.

Annatto-Samen findet man als Gewürz in gut sortierten ethnischen Supermärkten, im Gewürzfachhandel oder in Online-Gewürzshops. Des Weiteren wird Annatto-Extrakt als Nahrungsergänzungsmittel »Tocotrienol« im Handel angeboten. Als Zusatzstoff E160b ist Annatto auch in verschiedenen Lebensmittelzubereitungen wie Käse enthalten.

4 Apios

Die Kartoffel der amerikanischen Ureinwohner

Der Apios gehört zu den Gewächsen, die mehr Vielfalt in unsere Vorratsschränke bringen könnten. Das Knollengemüse kommt ursprünglich aus Nordamerika, und seine Erträge können durchaus mit denen der Kartoffel konkurrieren. Deshalb wurde die Knolle auch schon 1845 erstmalig in Europa eingeführt, und zwar zur Zeit der Kartoffelfäule. Allerdings hat sie einen entscheidenden Nachteil, der letztlich dafür sorgte, dass sie sich nicht durchgesetzt hat: Man kann sie, wenn sie im Acker angebaut wird, erst ab dem zweiten Jahr beernten. Eine Besonderheit, die der Hülsenfrucht zu Unrecht den Ruf eingebracht hat, unrentabel zu sein.

Die Pflanze bildet ihre Knollen, die ungefähr so groß wie eine Walnuss sind, unterirdisch in Form von Ketten. Geerntet werden die Knollen im Herbst, wenn der oberirdische Teil der Pflanze eingeht. Den Sommer über ist Apios ein Genuss fürs Auge: Seine Ranken winden sich um alles, was ihnen in die Quere kommt, und haben süß duftende violette Blüten. Am liebsten wächst der Apios an nährstoffreichen, sumpfigen und halbschattigen Standorten. Den Erzählungen zufolge hat er in Nordamerika, zur Zeit der blutigen Eroberung des Kontinents durch die Europäer, einen nicht unwesentlichen Beitrag dazu geleistet, dass die Pilger die ersten Winter im unbekannten Land überlebten.

Essbar ist fast jeder Teil der Pflanze: Sowohl die jungen Sprossen als auch die Blüten, die Samen und nicht zuletzt die Knollen. Ihren Platz auf unserem Speiseplan der Zukunft hat sich die ausdauernde und winterharte Knolle redlich verdient. Bei einem hohen Stärkegehalt überzeugt der Apios zusätzlich mit einem sehr hohen Eiweißgehalt von 17 Prozent. Deshalb landet er auch auf Platz vier der Hitliste von »Plants for a Future«, die über 7.000 Gewächse fasst. Die Kultur ist hierzulande für jede Hobbygärtnerin möglich, selbst in einem Kübel auf dem Balkon.

Apios americana findet man zur Ansicht in vielen botanischen Gärten. Kaufen kann man die Pflanze gelegentlich auf Pflanzenmärkten. Online-Gärtnereien verkaufen zumeist Einzel-Pflanzknollen oder Jungpflanzen. Jedes Jahr ab Oktober hat Autor Peter Becker Knollen zur Abgabe, solange der Vorrat reicht. Anfragen per E-Mail.

5 Arame

Eine vielseitige Alge

Die Arame-Alge stammt ursprünglich aus den Gewässern an der Südküste Japans und wird dort auch heute noch angebaut. Inzwischen hat sich das Anbaugebiet allerdings erweitert, sodass auch Südkorea zu den großen Arame-Produzenten zählt. Auf einem bis zu einem Meter langen, holzigen Stängel bildet die ausdauernde Wasserpflanze zwei ebenso lange, flache ovale Wedel aus, die sowohl verzweigt als auch gefiedert erscheinen. Da diese Wedel alljährlich abfallen und neu gebildet werden, könnte ihre Nutzung als nachwachsender Rohstoff sogar nachhaltig sein - sofern der Verbreitungszyklus dabei berücksichtigt wird, das heißt, dass die Ernte erst dann stattfindet, wenn die Algen sich bereits vermehrt haben.

Geerntet wird das Meeresgemüse in der Regel von März bis Juli, entweder von Hand oder maschinell. Dann werden die Blätter in der Sonne getrocknet, weich gekocht und erneut getrocknet. In diesem Zustand kann man die dunkelbraunen Stränge dann kaufen. Vor der Zubereitung werden sie kurz eingeweicht. Die feste Textur gibt ein gutes Mundgefühl, ganz im Gegensatz zum Klischee glibberiger Algen. Dank ihres milden, durch den Mannitgehalt leicht süßlichen Geschmacks ist sie eine beliebte Einsteiger-Alge, die man in der Küche vielfältig kombinieren kann.

Aus Arame-Algen hergestellte Präparate sind eine Quelle natürlicher antibakterieller und antiviraler Wirkstoffe. Es ist sogar möglich, damit Infektionen mit multiresistenten Staphylokokken zu bekämpfen. Außerdem lassen sich Natriumalginat, Düngemittel und Jod aus Arame-Algen gewinnen. Selbst ihre holzigen Stängel, die getrocknet sehr hart werden können, werden genutzt und zum Beispiel zu Messergriffen verarbeitet. Die Arame enthält rund neun Prozent Proteine, 45 Prozent Kohlenhydrate, 25 Prozent Mineralien und acht Prozent Ballaststoffe, was sie sehr gesund macht. Bei uns kann man diese vielseitige Alge heute schon im Biomarkt kaufen.

Die Arame-Alge hat den wissenschaftlichen Namen *Eisenia bicyclis*. Man kann sie in japanischen Supermärkten, Makrobiotikgeschäften oder auf speziellen Algen-Internetseiten als Trockenkraut kaufen.

6 Arbutus-Beere

Nachhaltige Erdbeeren im Winter

Die Arbutus-Beeren sind die Früchte des Westlichen Erdbeerbaums, ein immergrüner Strauch oder kleiner Baum, der zwischen drei und zehn Metern hoch wird. Heimisch ist er im Mittelmeerraum, aber er kommt auch an der Atlantikküste bis nach Irland vor. Seine wechselständigen, ledrigen Blätter sind etwa zehn Zentimeter lang und vier Zentimeter breit, an der Oberseite dunkelgrün glänzend und am Rand gesägt. Er bildet weiße bis rosafarbene, kleine, glockenförmige Blüten. Seine anfangs grünen Früchte, die Plinius »Meerkirschen« nannte, sind zwei bis drei Zentimeter groß, kugelig und mit warziger Oberfläche. In vollreifem Zustand erinnern sie stark an Erdbeeren, was dem Strauch seinen Beinamen »Erdbeerbaum« eingebracht hat.

Da er auch im Winter blüht, ist er vor allem als Zierpflanze beliebt. Die mehlige Frucht hat gelboranges Fleisch und schmeckt mild und süß. Durch die warzige Oberfläche ergibt sich ein interessantes Mundgefühl, sodass man sie am liebsten karamellisiert auf einem Kuchen sehen würde. Ihr lateinischer Name *unedo* wurde einst mit »Ich esse nur eine« übersetzt, und man kann sich streiten, ob das nun bedeutet, dass man nur eine isst, weil sie so lecker oder so schlecht schmeckt. Tatsächlich werden die Früchte in ihrem ursprünglichen Verbreitungsgebiet meist zu Marmelade verarbeitet oder Schnaps daraus gebrannt.

Gerade vor dem Hintergrund der Herausforderungen, die infolge des Klimawandels auf uns zukommen, erscheint die Kultur der Arbutus-Beere interessant: Der bedingt winterharte Baum könnte bei mildem Klima auch hier gedeihen, und seine Ernte würde ein weiteres Winterobst verfügbar machen. Über die Inhaltsstoffe der Beeren ist bislang nur bekannt, dass sie viel Vitamin C enthalten und reich an Kohlenhydraten und Ballaststoffen sind. Blätter, Rinde und Wurzeln werden bisweilen bei Blasenerkrankungen und Verdauungsbeschwerden eingesetzt.

Erdbeerbaum-Honig aus Sardinien oder der Provence findet man in Tee-Shops oder im Onlinehandel. Außerdem gibt es Arbutus-Brandy, Arbutus-Likör und Medronho-Marmelade aus Portugal. In Baumschulen und Gärtnereien findet man den Erdbeerbaum als Kübelpflanze, Zwergbäumchen, und das Saatgut gibt es in Samen-Fachgeschäften. Tipp: Der Erdbeerbaum findet sich auch im Botanischen Garten in Mainz!

7 Ashanti-Pfeffer

Ein würziger Gruß aus Zentralafrika

Der Ashanti-Peffer, auch Benin-Pfeffer genannt, ist heute in Europa weitgehend unbekannt. Seine Samen wurden allerdings im 15. Jahrhundert hierzulande als luxuriöses Gewürz gehandelt, denn die Pflanze stammt aus Afrika, und ihre Früchte waren selten. Auch heute ist sie vor allem in Zentral- und Westafrika weit verbreitet. So sammelt beispielsweise das Volk der Baaka jeden Herbst in den dichten Wäldern von Likouala (Kongo) die besondere Pfefferart. *Piper clusii* bildet als Liane in 20 Meter Höhe seine Fruchtstände, die Ernte erfordert also viel Geschick.

Die Pflanze gedeiht auf allen gut drainierten, reichen und feuchten Böden in den Tropen. Für fast all ihre Teile gibt es eine Verwendung. Die Blätter des Pfeffers werden zum Beispiel als Uziza leaves gehandelt und besonders in der nigerianischen Küche, aber auch als Suppe zur Förderung der Fruchtbarkeit eingesetzt. Die leuchtend orangefarbenen Blütenstände sind nicht nur dekorativ, sondern werden auch auf vielfältige Art und Weise als Heilkraut genutzt. Weicht man die Blätter ein, sollen sie gegen Husten helfen oder als Auflage die Wundheilung anregen. Auch bei Darminfektionen, Rheuma, Bronchitis und Tumoren wird ihnen eine heilende Wirkung nachgesagt. Heute rückt die Pflanze immer mehr in den Fokus der Pharmaindustrie, da gerade in Ländern des globalen Südens die Versorgung mit klassischen Medikamenten nicht immer gewährleistet werden kann.

Zurück zum Hauptprodukt der Pflanze: Die Samen beziehungsweise Pfefferkörner des Ashanti-Pfeffers verströmen bei ihrer Verarbeitung einen tollen Duft. Die milden, bitter-süßlichen Aromen mischen sich mit einem Hauch von abgebranntem Holz und Zitrusnoten. So stellen sie eine ganz besondere Alternative zu den Pfeffer-Klassikern dar, die inzwischen in riesigen Monokulturen angebaut werden, was sich negativ auf die Artenvielfalt auswirkt.

Piper guineense ist der wissenschaftliche Name. Uziza-Blätter gibt es, zumeist getrocknet, in vielen Afrika-Supermärkten und im Internet. Sie sind auch als Tee sehr beliebt. Als Saatgut findet man diese Pfefferpflanze zum Beispiel bei Sunshine-Seeds.

8 Aztekisches Süßkraut

Süße Akzente für Tee und Salat

Obwohl das Aztektische Süßkraut ebenso wie Stevia aus Südamerika kommt, erfreut es sich bei uns bisher nicht annähernd derselben breiten Beliebtheit. Das liegt zum einen daran, dass der im Süßkraut enthaltene süßende Stoff, das Hernandulcin, beim Trocknen der Blätter verfliegt. Zum anderen enthält die Pflanze auch Kampfer, was ihre dauerhafte Nutzung als Zuckerersatz zusätzlich verhindert hat. Das Eisenkrautgewächs eignet sich aber hervorragend, um Getränke, Salate oder Fruchtjoghurt kalorienarm zu süßen, und gilt außerdem als Hilfsmittel gegen Husten, Erkältungen, Bronchitis und Koliken.

Lippia dulcis ist eine recht unscheinbare Pflanze, die bis zu 60 Zentimeter hoch wird oder am Boden kriecht. Dann kann sie bis zu einem Meter in die Breite gehen. Obwohl die Pflanze mehrjährig ist, bildet sie keinen kräftigen Wurzelballen. Das Laub des Aztekischen Süßkrauts wird bis zu drei Zentimeter lang und bis zu anderthalb Zentimeter breit und ist dabei auffällig gesägt. An den Blatträndern befinden sich Drüsenschuppen, die das ätherische Öl der Pflanze enthalten. Sobald man an den Blättern reibt, geben sie einen minzig-süßen Duft frei. Manchmal wird der Duft auch mit Honig verglichen. Auf intensive Sonnenstrahlung reagiert die Pflanze mit einer Rotfärbung der Blätter und Stängel, während sie in schattigen Lagen grün erscheint.

Neben den minzähnlichen Blättern bildet die Pflanze auch hübsche weiße Blüten, die bis zu sechs Millimeter lang werden. Obwohl sie klein sind, kommen sie an den Blattachseln auf ihrem bis zu fünf Zentimeter langen Schaft sehr schön zur Geltung.

Ihre natürliche Verbreitung reicht von Mexiko bis nach Argentinien und den karibischen Inseln. Daher muss man auch diese ausdauernde Pflanze kühl, aber frostfrei überwintern lassen und hat damit ein süßes Würzkraut und eine Heilpflanze zugleich. Am besten gedeiht sie an einem sonnigen Standort.

Lippia dulcis ist der wissenschaftliche Name der Pflanze. Man findet das Süßkraut vielerorts im Sortiment der lokalen Gärtnereien oder bei Kräuterhändlern. Die Aussaat ist ganzjährig möglich, aber die Samen haben eine Keimtemperatur von über 20 Grad. Blütezeit ist von Juni bis Oktober.

9 Basellkartoffel

Aus den Anden in unsere Gärten

Die Basellkartoffel kennt man – wenn überhaupt – unter dem Namen Madeirawein oder auch als Peru-Portulak, Resedenwein oder Anredera cordifolia. Wie auch immer man sie nennt, in Australien ist die ursprünglich aus Südamerika stammende Pflanze ein schlimmer Neophyt und wird als solcher massiv bekämpft.

Das tropische Gewächs hat wunderschöne weiße Blütenrispen, die im Spätsommer nach Mandeln duften. Aus ihnen bilden sie, wie beim Malabarspinat, kleine schwarze Beeren. Außerdem wachsen in den Blattachseln Luftwurzeln. Die Basellkartoffel ist aber nicht nur eine hübsche Zierpflanze und durch ihre sukkulente Erscheinung ein Hingucker in jedem Garten. Vielmehr ist sie auch eine vielseitige Nutzpflanze: Ihre Blätter kann man sowohl als Rohkost genießen als auch als Blattgemüse zubereiten.

Auch die Knollen von *Anredera cordifolia* kann man in der Küche nutzen, wenn man sie zuvor wie eine Kartoffel kocht und zu einer Art Bratkartoffel weiterverarbeitet. Da das tropische Gewächs nicht winterhart ist, verbringt die im Topf gezogene Pflanze die kalte Jahreszeit am besten in einem kühlen Keller. Als Gartenkultur sollte man die Knollen ausgraben und ebenfalls frostfrei einlagern. Im Sommer benötigt sie einen sonnigen Standort und muss regelmäßig gegossen werden. Außerdem sollte man auf die richtige Düngung achten und eine Kletterhilfe installieren.

Im tropischen und subtropischen Raum ist sie vielerorts ein Neophyt, der wuchert und so die einheimischen Pflanzen verdrängt. Das ist ein Problem, weil heimische Tiere so ihre Futterpflanzen verlieren. Vor allem Futterspezialisten, also Tiere, die auf eine bestimmte Pflanze angewiesen sind, leiden darunter. In Mitteleuropa müssen wir uns darum keine Sorgen machen, denn unsere Winter halten die Basellkartoffel in Schach, weshalb sie keine Gefahr läuft, sich unplanmäßig zu verbreiten und die lokale Flora zu gefährden.

Über die Basellkartoffel und ihre verheerende Wirkung gibt es ein tolles Video auf YouTube: »Remove Madeira Vine«. Dort sieht man auch deutlich die eindrucksvollen Luftwurzelknollen.

10 Beinwell

Eine pflanzliche Vitamin-B12-Quelle

Der Gemeine Beinwell ist ein Verwandter des Borretschs. Er überwintert mit seinen langen schwarzen Wurzeln, um ab März oder April in rosettenähnlichen Büscheln auszutreiben. Dann wächst er zu einer bis zu einem Meter hohen Pflanze mit zahlreichen großen Blättern heran. Diese sind wie der verzweigte, vierkantige Stängel dicht und rau behaart. Der Beinwell bevorzugt nährstoffreiche, feuchte Standorte. Deshalb kommt es eher selten zu Verwechslungen mit dem Roten Fingerhut, der dem Beinwell vor der Blüte zum Verwechseln ähnlich sieht. Wer sich unsicher ist, der kann mit einem einfachen Trick prüfen, ob es sich um Beinwell oder Fingerhut handelt: Einfach das Blatt an den Pullover drücken. Bleibt es haften, dann handelt es sich sicher um Beinwell.

Essbar sind die jungen Blätter, die Triebe, die Blütenknospen und die Wurzel. Die Blätter sind voll mit hochwertigem Eiweiß und Vitamin B12, was sonst eher in tierischen Lebensmitteln enthalten ist. Der Pflanzenschleim eignet sich außerdem gut als Soßenbinder. Berühmt wurden die Blätter des Beinwells wegen ihres seezungenartigen Geschmacks, wenn sie in Bierteig ausgebacken werden. Man kann sie aber auch roh im Salat verwenden. Getrocknet ergeben sie ein leckeres Gewürz oder einen Tee. Die Wurzel kann man geschält dünsten.

Seine Inhaltsstoffe machen Beinwell zu einem vielseitigen Heilkraut: Er beruhigt die Schleimhäute und fördert die Wundheilung. Außerdem regt er die Neubildung von Knochen- und Bindegewebe an. Aufgrund der enthaltenden Pyrrolizidinalkaloide (PA) wird vor häufigem Beinwellkonsum gewarnt, weil dieser Stoff bei Tierversuchen mit Ratten zu Leberkrebs geführt haben soll. Da Beinwell aber nur kurze Zeit verfügbar ist, wird man von den ein bis zwei Portionen, die man vielleicht in einer Saison isst, bestimmt keinen Schaden davontragen. Beinwell-Blüten schmecken übrigens auch sehr gut im Backteig frittiert.

Es gibt Beinwell-Zuchtsorten ohne PA, im Handel heißen sie Comfrey. Das Schöne am Beinwell ist, dass man ihn immer wieder stutzen kann und er neu austreibt. Beinwell-Salbe gibt es in jeder Apotheke, sie ist sehr heilsam bei Sportverletzungen, Muskel- und Gelenkschmerzen.

11 Berberitze

Vitamin-C-Wunder für den Winter

Die Berberitze ist ein zwischen einem und drei Meter hoher Strauch, der von den Arabern in Spanien eingeführt wurde. Die Römer nannten den Strauch »Berberis«, nach der Heimat der Berber, dem Ursprungsverbreitungsgebiet der Gehölze. Durch den Handel verschleppt, hat sich die Berberitze von Mitteleuropa bis nach Westasien ausgebreitet und besiedelte lichte Laub- und Mischwälder. Früher wurde sie auch gerne als lebende Hecke in der Viehzucht gepflanzt, weil die Weidetiere die dornigen Äste gemieden haben. Aber leider hat sich die Berberitze als Zwischenwirt eines Getreideschädlings erwiesen und wurde deshalb in ganz Europa weitgehend ausgerottet. So findet sie sich oft nur noch als Zierpflanze in städtischen Grünanlagen, Parks und Gärten und darf nur in einem Abstand von mindestens 300 Metern zum nächsten Getreidefeld angepflanzt werden.

Der Strauch bildet rötliche Triebe, die zu holzigen Zweigen verwachsen, mit dreizeiligen Dornen und eiförmigen Blättern, die in Büscheln stehen. In den Blattachseln bilden sich in Mai und Juni gelbe Blüten in herabhängenden Trauben, aus denen die walzenförmigen roten Beeren entstehen. Besonders schön anzusehen ist es, wenn die Blätter im Herbst orange werden und die Früchte in sattem Rot reifen.

Die Früchte finden sich getrocknet im Handel, zumeist aus Kulturen in Südeuropa oder dem Nahen Osten. Diese sind eine säuerlich Alternative zur Rosine und werden in der orientalischen Küche gerne mit Reis zubereitet. Aber auch die frischen Früchte kann man kochen und das passierte Mus zu Marmelade verarbeiten.

Sie sind sehr Vitamin-C-haltig und schmecken am besten, wenn man sie nach dem ersten Frost erntet. Neben den Beeren wurden früher auch die Wurzeln und die Rinde vielseitig genutzt: als Heilmittel bei Kreislaufschwäche und Gallenbeschwerden, aber auch als gelbfärbende Mittel für Wolle, Leder und Textilien.

Berberis vulgaris wird auch als Sauerdorn bezeichnet. In botanischen Gärten findet man oft viele verschiedene Berberitzenarten mit den unterschiedlichsten Eigenschaften, da kann man sich schon mal ein paar Früchtchen stibitzen für die heimische Gartenkultur.

12 Blut-Weiderich

Eine Schwester des Granatapfels

Ob in Feuchtgebieten, an Gewässern, in Gräben oder Kanälen: Überall dort, wo es nass oder wechselfeucht ist, findet man ab Juni den lila blühenden Blut-Weiderich. Die ausdauernde, krautige Pflanze treibt in jedem Frühjahr aus ihrem Rhizom aus und kann bis zu 50 Triebe bilden. Auffällig sind vor allem die Blütenähren, die ungefähr die halbe Pflanzenlänge ausmachen und von Schwebfliegen, Bienen und Schmetterlingen nur so umschwärmt werden. *Lythrum salicaria* bildet dabei drei verschiedene Blütentypen, sodass die Bestäubung durch alle Insekten und sogar die Selbstbestäubung erfolgreich ist. So produziert eine Pflanze bis zu drei Millionen Samen, die zur Reife aus ihrer Kapselfrucht springen. Sie sind mit Schleimhaaren ausgestattet, die zum Beispiel an Wasservögeln haften bleiben und damit die weitläufige Verbreitung sichern.

Seinen Namen erhielt der Blut-Weiderich übrigens, weil er sich zum Herbst blutrot färbt. Es gibt zahlreiche Zuchtvarianten als Zierpflanze, die sich oft mit den Wildpflanzen kreuzen.

Der positive Ruf des Blut-Weiderichs als Heilpflanze geht bis ins Altertum zurück. Damals wurde er vor allem zur Blutstillung genutzt. Eine Berührung der Pflanze reiche schon, hieß es damals. Auch bei Durchfall, Hauterkrankungen, Darmbakterien und Frauenbeschwerden soll der Blut-Weiderich helfen. Weniger mystisch, aber nicht weniger interessant ist die Verwendung als Lebensmittel. Als solches ist er vor allem deshalb spannend, weil abgesehen vom Granatapfel kein anderes Weiderich-Gewächs gegessen wird. Im Frühjahr kann man die Triebspitzen und Blätter wie Gemüse verwenden, die Blüten können Salate zieren oder getrocknet als Tee zubereitet werden. Auch als Marmelade machen sich die Blüten gut. Durch den hohen Pektingehalt gelieren sie ohne Probleme, und vom Geschmack her ähnelt die daraus gekochte Marmelade der Zwetschge.

Bei Kräuterkontoren und Naturkräuterhändlern finden Sie Blut-Weiderich getrocknet und geschnitten als Heilpflanze. Die Blütenstängel im Pfannkuchenteig ausgebacken sind übrigens sehr lecker.

13 Bocksdorn

Die falsche Gojibeere

Der Gemeine Bocksdorn stammt ursprünglich aus China und ist hierzulande als Zierstrauch bekannt. Als solcher wird er an Straßen und an Böschungen als Erosionsschutz gepflanzt. In unseren Nachbarländern hat er einen weniger harmlosen Ruf: In Tschechien und der Slowakei gilt der Bocksdorn nämlich als invasiver Neophyt. Das heißt, dass die Pflanze dort keine natürlichen Fressfeinde hat, sich ungehindert ausbreitet und dabei heimische Pflanzen verdrängt. In Deutschland steigt seine Beliebtheit stetig, seit sein naher Verwandter, der Chinesische Bocksdorn, einen Hype als Superfood erlebt. Dessen Früchte werden nämlich als Gojibeeren verkauft. Deshalb findet man unseren Gemeinen Bocksdorn immer öfter als »Gojibeeren-Pflanze« in Gartencentern und Co. – auch wenn das eigentlich gar nicht stimmt.

Da die aus China importierten Gojibeeren oft entsetzlich mit Pestiziden belastet sind, wäre ein ökologischer Anbau des Bocksdorns bei uns eigentlich wünschenswert. Gleichzeitig gibt es aber die großen Wildbestände, die man als ungenutzte Ressource erschließen könnte. Was man dabei nicht vergessen darf, ist, dass der Bocksdorn in unseren Nachbarländern ein Neophyt ist und wir dafür sorgen müssen, dass er in Deutschland nicht in diese Rolle rutscht. Daher vermindert jede wild geerntete Beere seine unplanmäßige Verbreitung.

Bocksdorn ist ein Nachtschattengewächs, das als sommergrüner Strauch Wuchshöhen von zwei bis vier Metern erreicht. Er bildet von Juni bis September achselständige, fünfzählige lila Blüten, aus denen die rundlichen roten Beeren hervorgehen. Da die Pflanze verwandt mit der Tomate ist, kann man den Bocksdorn ähnlich verwenden: Mit Zwiebeln, Knoblauch und Chili in Gemüsebrühe aufgekocht und püriert, ergibt er einen leckeren Brotaufstrich mit leicht süßlichem Touch. Natürlich schmecken die Beeren auch süß zubereitet, zum Beispiel im Müsli.

Wenn Sie wissen wollen, ob Ihre Gojipflanze echt ist oder nur ein Bocksdorn, dann zählen Sie die Samen in der Frucht. Vier bis acht Samen enthält die Gojibeere, 15 oder mehr Samen finden sich im Bocksdorn.

14 Breitwegerich

Prägnantes Kraut am Wegrand

Die Gattung der Wegeriche umfasst rund 190 Arten und ist weltweit verbreitet. Beim täglichen Spaziergang trifft man oft auf die drei Arten, die bei uns am häufigsten vorkommen: den Breitwegerich, den Mittleren Wegerich und den Spitzwegerich. Letzteren stellen wir in diesem Buch ebenfalls vor (siehe Nummer 96).

Der Breitwegerich ist eine ausdauernde, krautige Pflanze und gedeiht an Wegrändern, auf Wiesen, Weiden und Äckern. Typisch ist seine Besiedlung von Trampelpfaden, wo nichts anderes mehr wächst. Das bis zu 25 Zentimeter hohe Kraut bildet eine grundständige Blattrosette mit löffelförmigen, handtellergroßen Laubblättern, die kahl oder kurz behaart sein können. Aus einem blattlosen Blütenschaft, der etwa die Höhe der Blattspitzen erreicht, bildet sich ein ähriger Blütenstand, der die Blätter deutlich überragt und bis zu 20 Zentimeter lang wird. Vor der Blüte, mit winzig kleinen weißen oder grünen Staubfäden, sind die Ährenknospen ein tolles Gemüse. Sie sehen aus wie kleine Maiskolben. Nach dem Ausreifen der Samen lassen sich diese vom Schaft abstreifen wie ein Getreide. Die kleinen Samen kann man zum Beispiel in einen Brotteig einarbeiten. Aber besonders die Blätter sind sehr lecker und entwickeln beim Garen ein pilziges Aroma. Die jungen hellgrünen Blätter kann man im Salat essen, die älteren eher als Blattgemüse braten. Wichtig ist, sie quer zu den Fasern klein zu schneiden, weil diese sonst zwischen den Zähnen hängen bleiben.

Der Breitwegerich ist wie alle Wegerich-Arten vollgepackt mit wertvollen Inhaltsstoffen. So ist zum Beispiel das natürliche Antibiotikum Ancubin enthalten. Das hilft nicht nur gegen Husten, sondern als Presssaft auch bei Mückenstichen, Neurodermitis, Nesselfieber und entzündeten Wunden. Andere Wegerich-Arten sind etwa die bekannten Flohsamen oder der Hirschhornwegerich, die ebenso verwendet werden können.

Übrigens: Obwohl der Breitwegerich eine europäische Pflanze ist, kannten ihn die amerikanischen Ureinwohner und nannten ihn den »Fußtritt des weißen Mannes«. Denn überall, wo die Bleichgesichter auftauchten, wuchs bald auch der Breitwegerich. Aus der Überlieferung heißt es, die Samen des Wegerichs schützten vor Moskitos.

15 Brennnessel

Harte Schale, nützlicher Kern

Brennnesseln kennt eigentlich jeder aus seiner Kindheit, auch wenn die Erinnerungen an die Mitglieder dieser Pflanzenfamilie wahrscheinlich in erster Linie schmerzhafter Natur sind. Denn die Nesseln brennen, wenn man sie berührt. Wer genau hinschaut, der erkennt, dass die Blätter und Stängel der Pflanze mit zahlreichen Härchen übersät sind. Was man nicht sehen kann: Das Haar läuft spitz zu, und am Ende befindet sich ein kleines Kügelchen. Wenn man die Pflanze nun berührt, dann bricht dieses kleine Kügelchen an einer Sollbruchstelle ab, und es entsteht eine scharfe Kanüle, die die Haut oberflächlich einritzt. In diese mini-kleine Wunde fließt der Inhalt der Haarkanüle und provoziert so eine lokale Reaktion der Haut – das Brennen, dem die Nessel ihren Namen verdankt. Damit schützt sich die Pflanze gegen Fraß von Säugetieren.

Dass die Pflanze von vielen wegen dieser Eigenschaften gemieden wird, ist vor allem deshalb schade, weil sich hinter dieser »harten Schale« ein wirklich gesunder Kern verbirgt. Man muss bei der Ernte einfach nur Handschuhe tragen, um sich zu schützen – oder man sieht den Kontakt mit der Pflanze als Prävention oder Behandlung von Rheuma. Schon im Mittelalter haben sich Rheumakranke mit Brennnesselpflanzen auspeitschen lassen, um ihre Beschwerden zu lindern.

Übrigens sind in Deutschland vier Brennnesselarten verbreitet: Neben der bekannten *Urtica dioica*, der Großen Brennnessel, und ihrer kleinen Schwester *Urtica urens* gibt es noch zwei weitere, recht seltene Arten, *Urtica pilulifera* (Pillenbrennnessel) und *Urtica kioviensis* (Röhricht-Brennnessel).

Unseren Speiseplan kann die Brennnessel vor allem als Alternative zu Spinat ergänzen. Einmal gedünstet beziehungsweise unter Einsatz von Hitze verarbeitet, schmerzt der Kontakt mit der Pflanze auch nicht mehr. Auch getrocknet und als Tee verwendet verlieren die Haare ihre Wirkung.

Warnung! Wenn Sie Brennnesseln im Spülbecken waschen, passen Sie auf, wenn Sie den Stöpsel rausziehen. Man kann sich nämlich sehr leicht am Wasser verbrennen, denn das Nesselgift geht ins Wasser über.

16 Chayote-Kürbis

Kürbis mit Unterbau

Den Chayote-Kürbis finden wir häufig in unseren Asiamärkten. Dass man auch seine Wurzel essen kann, wissen allerdings die wenigsten.

Sechium edule ist eine raubehaarte, ausdauernde Kletterpflanze, die ursprünglich aus dem mittelamerikanischen Raum stammt. Heute wird sie in vielen tropischen und subtropischen Ländern als Gemüse angebaut. Die einhäusige Chayote bildet handgroße Blätter und in den Achseln in Trauben wachsende, männliche und einzelne weibliche Blüten, die weiß-gelblich sind und von Insekten bestäubt werden. Mit Rankhilfen kann das Gewächs bis zu fünf Meter lang werden und mit vielen Trieben mehrere dutzend Quadratmeter bewachsen. Dabei kann eine Pflanze bis zu 300 Früchte tragen, im kommerziellen Anbau wird ein Hektarertrag von ganzen 28 Tonnen erreicht.

In diesen Berechnungen nicht berücksichtigt wird die Wurzel des Kürbis, die man ebenfalls in der Küche verarbeiten kann. Sie erinnert ein wenig an Süßkartoffeln, allerdings bildet sie sich in den gemäßigten Klimazonen selten in dieser Dimension aus. Die Pflanze ist nämlich ziemlich frostempfindlich und deshalb hierzulande nur einjährig – bis es aber zu einer knolligen Wurzel kommt, müssen mehrere Jahre vergehen. Dann hätte sie das Potenzial, ein vielversprechendes neues Wurzelgemüse für den Markt zu werden. Die Kürbisse selbst kann man aber ohne großen Aufwand kultivieren und in rauen Mengen ernten. Chayote schmeckt im Salat verwendet ein wenig wie Zucchini und bleibt sogar nach dem Garen knackig.

Wer den Chayote selbst kultivieren will, der sollte wissen, dass der Kürbis nur einen einzigen Samen bildet. Man muss also bei der Entnahme darauf achten, ihn nicht zu verletzen. Beim Öffnen daher von den Falten der Fruchtunterseite, die wie ein zahnloses Maul aussieht, zum Strunk hin nur die Schale einritzen und sich dann vorsichtig vorarbeiten oder warten, bis der Keim austritt.

Neben dem gewöhnlichen Chayote gibt es auch stachelige Sorten. Sie heißen Prickly Chayote Squash, und man sagt scherzhaft: »Dieses Gemüse wird ihnen wehtun!« Davon abgesehen sind sie echte Hingucker. Manchmal bekommt man diese stacheligen Burschen hier: www.lindenbrunnenhof.de.

17 Chiloé-Pfeffer

Der Schatz der Chiloten

Im Palmengarten Frankfurt gibt es eine kleine Rarität: die Magellansche Winterrinde, die schon 1580 gegen Skorbut eingesetzt wurde. Die blau-schwarzen Früchte des Baumes werden getrocknet als Chiloé-Pfeffer gehandelt, benannt nach einer chilenischen Insel, der Feuerlandinsel Chiloé. Die Landwirtschaft ist neben dem Fischfang und der Lachszucht eine der wichtigsten Einnahmequellen der Chiloten, wie die Bewohner der Insel genannt werden. Und ein ganz besonderes Produkt, das typischerweise aus Chiloé kommt, ist der Pfeffer, der eben aus den Früchten der Winterrinde gewonnen wird.

Geschmacklich hat der Chiloé mehr mit Chili als mit klassischem Pfeffer zu tun und zeichnet sich durch eine sehr fruchtige Note und eine leicht betäubende Schärfe aus. Die Winterrinde wird bis zu 20 Meter hoch und hat eine weiche graubraune und stark aromatische Borke. Die wechselständigen, immergrünen Laubblätter sind glattrandig, ledrig mit hellgrün glänzender Oberseite und filzig weißer Unterseite. Sie werden bis zu 20 Zentimeter lang, sind länglich oval bis breit lanzettlich und haben einen kurzen roten Stiel. Die getrockneten Früchte des Baumes variieren in ihrer Farbe von Beige bis Schwarz und erinnern in ihrer Form ein wenig an Rosinen. Jährlich werden nur zwei Tonnen der Pfefferbeeren des Baumes geerntet, Chiloé-Pfeffer ist also eine echte Rarität.

Da die Winterrinde sowohl in Chile als auch in Argentinien gedeiht, könnte man ihren Handel sicher ausdehnen und der Region so einen neuen Markt eröffnen. Sowohl die Früchte als auch die Knospen und Blüten würden sich mit ihrer Schärfe dazu eignen. Die Beeren könnte man frisch einlegen. Chiloé passt besonders gut zu Fisch und Schalentieren sowie zu gegrilltem Fleisch.

Der »Canelo« genannte Baum dient auch als Heilpflanze. Blätter und Rinde werden unter anderem bei Magenbeschwerden und Rheuma eingesetzt.

Die Schamanen der Araukaner nennen den Chiloé-Pfeffer Kaneel und verehren ihn als heiligen Weltenbaum. Die Rinde wird zum Räuchern bei religiösen Zeremonien verwendet oder pulverisiert als Gewürz genutzt. Saatgut bei: www.kraeuter-und-duftpflanzen.de.

18 Cumeo-Pfeffer

Volle Ladung Zitrusaromen

Lindera neesiana ist ein Fieberstrauchgewächs und gehört zur Familie der Lorbeeren. Sie ist in den subtropischen Wäldern von Indien, Nepal, Bhutan, Myanmar und China verbreitet. Bislang hat die Frucht der Pflanze, der Cumeo-Pfeffer, es aber nur in die nepalesische Küche geschafft. Das liegt nicht zuletzt daran, dass es sich um eine Wildpflanze handelt, die noch nicht kultiviert wurde.

Die bis zu acht Meter hohen Sträucher der auch Sil-Timur-Beere oder Grapefruit Pepper genannten Frucht wachsen wild im südöstlichen Himalaya, in Höhenlagen zwischen 1.200 und 2.700 Metern. Im Herbst werden die Beeren von einer bäuerlichen Kooperative beerntet und danach in speziellen Dörrhäuschen getrocknet.

Cumeo-Pfeffer überzeugt durch seine ausgeprägten Zitrusaromen, die an Grapefruit, Orange oder Pomelo erinnern, gepaart mit einer milden Schärfe. Dadurch passt er bestens zu Fisch- und Gemüsegerichten, aber auch zu vielen anderen Spezialitäten der asiatischen oder orientalischen Küche. Mit ihm bekommen Currys eine feurig-fruchtige Note. Allerdings sollte man ihn erst nach dem Kochen einsetzen, denn sein Aroma und die dezente Schärfe sind nicht hitzebeständig. Am besten, man zerstößt den Kathmandu Pepper, wie er auch genannt wird, erst kurz vor dem Servieren frisch im Mörser und würzt beim Anrichten.

Auch wenn der Cumeo-Pfeffer noch nicht allzu viele Küchenrichtungen geprägt hat, gilt er bei verschiedenen ethnischen Gruppen in seinem Verbreitungsgebiet als Heilmittel. Er wird unter anderem eingesetzt, um Bauchschmerzen, Durchfall, Zahnschmerzen, Schwindel, Übelkeit und Blähungen zu therapieren. Äußerlich ist er in Balsam für seine antiseptischen Eigenschaften und seine heilsame Wirkung bei Furunkeln und Krätze beliebt. Im Nepal sagt man dem Cumeo außerdem eine heilende Wirkung bei Krebserkrankungen nach. Gewürzhändler vergleichen ihn oft mit dem Szechuan-Pfeffer.

Der Preis pro Kilogramm schwankt stark. Zwischen 140 Euro und 470 Euro pro Kilogramm ist alles vertreten. Man sollte beim Einkaufen also genau hinschauen.

19 Dahlienknolle

Nicht nur schön, sondern auch lecker

Dahlien genießen in Deutschland ein hohes Ansehen, deshalb findet man die bunten Blüten auch in vielen Gärten. Die Knollen der Dahlien werden unter Hobbygärtnern gerne weitergegeben, da sich die Pflanze selbst vermehrt. Dass die Knollen aber auch eine große Bereicherung für die heimische Küche sind, weiß hierzulande kaum jemand. Ursprünglich wurde die Knolle in Europa sogar eingeführt, um sie als Nutzpflanze zu kultivieren.

Die ersten Aufzeichnungen zu Dahlien in Europa gehen auf den spanischen Arzt Francisco Hernandez zurück, er beschrieb die Pflanze im 16. Jahrhundert. Knapp 200 Jahre später wurden dann die ersten Dahliensamen nach Madrid gebracht, um sie als potenzielles Nahrungsmittel zu etablieren – dieser Versuch scheiterte aber. Die Dahlie avancierte dafür europaweit zu der beliebten Zierpflanze, die sie bis heute ist. Schade eigentlich, denn genauso enorm wie die Vielfalt der Blüten ist auch die Vielfalt des Geschmacks der Knollen sowie ihrer Inhaltsstoffe. Gelbe Dahlien haben den höchsten Kohlenhydratgehalt, rot und weiß blühende Dahlien sind besonders reich an Proteinen. Was sie gemein haben, ist, dass sie Kohlenhydrate in Form von Inulin speichern, was für Diabetikerinnen und Diabetiker von Vorteil ist.

Um Dahlienknollen zu ziehen, kann man entweder auf Knollen aus dem Handel oder aus eigener Anzucht zurückgreifen. Ab März sollte man dann beginnen, die Knollen auf der Fensterbank vorzuziehen, ab Mai gehören sie ins Beet. Über den Sommer genießt man die herrlichen Blüten der Dahlie, um ab dem Spätherbst, sobald die oberirdischen Teile absterben, mit der Ernte der Knollen zu beginnen. In Mexiko gelten diese übrigens bis heute als beliebtes Lebensmittel. Man kann sie kochen oder im Ofen backen, beide Varianten schmecken hervorragend. So ist die Dahlie beispielsweise als Bestandteil von Schupfnudeln ein Genuss.

Nähere Infos über die leckersten Dahliensorten gibt es hier: www.lubera.com/de/shop/delidahlien_kat-418.html.

20 Dulse

Speck aus dem Meer

Die Dulse, auch Lappentang genannt, zählt zu den Rotalgen und wurde schon vor 100 Jahren in Schottland wie Gemüse am Straßenrand verkauft. Ähnlich wie in Island, Irland und Kanada gehört er dort heute schon zu den »traditionellen« Lebensmitteln, während er bei uns noch als Besonderheit gehandelt wird.

Der braun-lila-rötliche Tang ist mehrjährig, bestandsbildend und sehr formenreich. Man findet ihn im Gezeitenbereich zwischen Steinen von Portugal bis nach Island im Atlantik, in der Nord- und Ostsee und an den Küsten Russlands, Kanadas, Alaskas, Japans und Koreas. Von einer scheibenförmigen Basis, die im Substrat verwachsen ist, bilden sich die einfachen oder zweigeteilten Lappenblätter, die bis zu 50 Zentimeter lang und zwischen zehn und 30 Zentimeter breit werden können. Die blattähnlichen Verzweigungen sind in lineare oder ovale Segmente gespalten und stehen wie gefächerte Bündel.

Der Lappentang kann sowohl roh im Salat als auch gedünstet als Blattgemüse und frittiert als knusprige Chips genossen werden. Selbst die getrockneten Blätter werden als Snack geknabbert. Durch das Garen wird das Kraut etwas ledrig in seiner Textur, was ihm einen tollen Biss verleiht. Der »Speck aus dem Meer« hat einen würzig-nussigen Geschmack und ist reich an voll verwertbarem Eiweiß, Mineralien und Vitaminen. Dulse wird besonders bei Blutarmut in der Schwangerschaft und Rekonvaleszenz und bei Magen-Darm-Beschwerden empfohlen.

Geerntet wird der Lappentang im Sommer und Herbst, von Hand wird er bei Ebbe an der Basis abgeschnitten. In der Regel findet man ihn aber getrocknet im Handel. Wenn man Dulse im Wasser einweicht, dann vervierfacht sie ihr Gewicht und quillt auf. So scheint sie gerade frisch geerntet worden zu sein. Als Flocken und Pulver kann sie als Backzutat und Gewürz eingearbeitet oder das Pulver wie Salz verwendet werden.

Dulse hat den wissenschaftlichen Namen *Palmaria palmata* und wurde nachweislich schon im 6. Jahrhundert in Irland als Nahrung genutzt.

21 Eiche

Tonnenweise ungenutzte Rohstoffe

Man könnte sagen, dass die Eichenbäume in deutschen Wäldern ein Bankkonto sind, zu welchem wir den Schlüssel verloren haben. Denn jeder zehnte Baum in unserem Land ist eine Eiche, aber ihre Früchte werden kaum bis gar nicht beachtet. Und das, obwohl sie in der Vergangenheit in beinahe allen Kulturen als Nahrungsquelle genutzt wurden. Nachdem ihre Gerbsäure ausgelaugt ist, stellen Eicheln eine gigantische ungenutzte Ressource dar. Man kann sie zum Beispiel für Mehl, als veganen Fleischersatz oder als gesunde Alternative für Personen mit einer Nussallergie einsetzen. Ernährungsphysiologisch stehen Eicheln zwischen Nüssen und Getreidekörnern. Es ist absurd, dass wir jährlich Millionen Tonnen Weizen aus dem Ausland importieren, obwohl die zehnfache Menge an gleichwertigen Kalorien am Waldboden verrottet. Damit sich das ändert, haben wir die Eichen in diese Liste aufgenommen – denn die Früchte der Eiche bekommen definitiv nicht die Aufmerksamkeit, die sie verdienen.

Um Eicheln auszulaugen und damit zu einem für uns nutzbaren Lebensmittel zu machen, müssen sie in fließendem Wasser liegen. Am einfachsten wäre es, wenn Gemeinden oder Landwirtschaftsbetriebe dafür Siebcontainer in lokalen Gewässern installieren würden, wo die Eicheln einige Wochen lagern können. In diesem Zeitraum fangen die Eicheln dann an zu keimen und sind relativ leicht zu schälen. Die Produktion von Eichenmehl oder -granulat könnte überall dort, wo es Eichenwälder gibt, Arbeitsplätze schaffen und so die lokale Wirtschaft stärken. Frikadellen aus Eicheln sind ebenso lecker wie Soja- oder Seitanalternativen. Auch eine Alternative zu Nuss-Nougat-Creme kann man aus Eicheln herstellen. Ihr Mehl eignet sich wunderbar, um nussige Plätzchen zu backen.

Die Eichen-Arten, die am relevantesten für die Lebensmittelproduktion sind, sind die heimischen Arten. Vor allem die Stiel- und Traubeneichen sind hier zu nennen.

Eichelprodukte finden Sie unter anderem in Peter Beckers Onlineshop www.newtritionink.de. Außerdem bietet Peter Becker jedes Jahr spezielle Eichel-Kochkurse an.

22 Enoki-Pilz

Schlankes Allroundtalent

Der Enokitake, wie er in Japan heißt, ist ein weißer Zuchtpilz, der mit 15 Zentimeter langen Stängeln eng gebündelt auf einem runden Stück Substrat zu 100-Gramm-Portionen in Plastikfolie im Asiamarkt zu kaufen ist. Dabei ist *Flammulina velutipes* ein heimischer Pilz: der Samtfußrübling. Den Winterpilz findet man hauptsächlich von Oktober bis April im Wald, meist an Laubhölzern, vor allem an alten Weiden. Da es in der Vergangenheit immer wieder zu tödlichen Verwechslungen kam, sichert die Züchtung in Japan die ganzjährige Verfügbarkeit des Pilzes. Von der Insel kommen 80 Prozent der weltweiten Produktion.

Der signifikante Unterschied zwischen dem wilden Samtfußrübling und dem Enoki ist, dass die Zucht in Dunkelheit praktiziert wird und die Pilzkultur daher, ebenso wie Bleichspargel im Hochbett, blass sprießt, im Gegensatz zum wilden Pilz, der mit bräunlich-gelbem Hut und samtig braunem Stängel ganz anders aussieht. Der Vitalpilz soll eine regulierende Wirkung auf den Blutdruck haben und den Cholesterinspiegel senken. Außerdem soll er das Immunsystem stärken und bei Allergien helfen. TCM-Ärzte aus Japan haben beobachtet, dass bei Züchtern von Enoki weniger Krebserkrankungen auftreten als bei der durchschnittlichen Bevölkerung. Man vermutet deshalb eine schützende Wirkung des Pilzes.

Der Enoki ist außerdem reich an Ballaststoffen, Spurenelementen und Mineralstoffen und sehr kalorienarm. 100 Gramm von diesem Speisepilz haben gerade einmal 35 Kilokalorien bei 2,7 Gramm Protein, 2,7 Gramm Ballaststoffen und nur 0,3 Gramm Fett. Dabei hat er einen milden Geschmack und einen fruchtigen Duft. Der Enoki-Pilz ist auch getrocknet oder als Konserve im Handel zu finden.

Wenn man den wilden Samtfußrübling sammeln möchten, sollte man zuvor auf jeden Fall ein Pilzseminar besuchen, damit es nicht zu einer tödlichen Verwechslung kommt.

Enokitake schützt nicht nur vor Krebs, sondern ist auch während der Behandlung hilfreich. Heilpraktiker empfehlen den Pilz deshalb begleitend zu Chemo- oder Strahlentherapien bei Krebspatienten. Der regelmäßige Verzehr dieses Vitalpilzes sorgt zudem für einen Schutz vor Zellveränderungen.

23 Feigenkaktus

Die Blätter sind eine echte Delikatesse

Der Feigenkaktus, *Opuntia ficus-indica*, wird in vielen Ländern als Schädling angesehen, obwohl man ihn wunderbar als Nahrungsmittel nutzbar machen kann. Das geschieht im Moment vor allem in Form der leicht verderblichen Früchte, der Kaktusfeigen. Für die Händler bedeutet das aufgrund des langwierigen Transports und der hohen Verderblichkeit oft Verluste. Die Blätter der Opuntie, auf denen die Früchte wachsen, findet man hingegen selten im Handel. Und das, obwohl sie ein traditionelles Gemüse der mexikanischen Küche sind und wochenlang gelagert werden können.

Wie alle Kakteen kommt auch die Opuntie ursprünglich aus Amerika. Heute ist sie in der ganzen Welt verbreitet. Das hängt aber nicht damit zusammen, dass sie als Zierpflanze oder zur Obsternte ihrer Früchte kultiviert wurde, vielmehr diente die Pflanze lediglich als Wirt der Cochenillen-Laus. Diese war ab dem 16. Jahrhundert ein wichtiger Farbstoff, bekannt als Karminrot. Deshalb wurde der Feigenkaktus durch die Konquistadoren in Europa eingeführt. Mehr und mehr entwickelt sich der Kaktus zum massiven Schädling, der in Australien sogar mit Napalm bekämpft wird, weil das Gewächs sich unglaublich schnell ausbreitet. Dabei beschränkt sich die Auswilderung nicht nur auf die kakteentypischen Temperaturzonen: Sogar in der Schweiz gibt es mittlerweile wilden Feigenkaktus. Während sie nun also vielerorts bekämpft wird, wussten die amerikanischen Ureinwohner die Pflanze als Lebensmittel zu nutzen, und noch heute werden Früchte, Blätter und Blüten auf Märkten in Mexiko und den südlichen USA verkauft.

Die Opuntie lässt sich gut aus den Samen der Kaktusfeige ziehen. So kann man seinen eigenen Feigenkaktus auf der Fensterbank wachsen lassen. Es gibt auch stachellose Sorten, deren Blätter so mild wie Gurke sind. Besonders gut schmecken sie, wenn man sie in Scheiben geschnitten im Saft eines Gurkenglases über Nacht mariniert.

Durch ihren besonderen Stoffwechsel können Opuntien im Wüstenklima circa vier Mal so viel Biomasse bilden wie andere Kulturpflanzen.

24 Felsenbirne

Rosine aus dem Vorgarten

In den Begrünungen unserer Wohnsiedlungen findet sich als Strauch oder kleines Bäumchen ein unscheinbares Gehölz mit wechselständigen, kleinen Laubblättern und weißen, aufrecht stehenden, traubigen Blütenständen. Weil sich Österreicher von der Pflanze an ihr Edelweiß erinnert fühlen, wird sie auch Edelweißstrauch genannt. Da die Blüten vor den Blättern erscheinen, fällt das Gewächs oft erst auf, wenn man im Juni und Juli auf seine kleine dunkelblaue Frucht tritt, die zumeist von Vögeln gefressen wird.

Diese beerengroße Frucht heißt Felsenbirne und gehört zu den apfelfrüchtigen Kernobstarten innerhalb der Rosenfamilie. Ihren hohen Zierwert verdankt die Felsenbirne auch der wunderschönen Rotfärbung ihres Laubs im Herbst.

Der dornlose, reich verzweigte und dichtkronige Strauch erreicht eine Wuchshöhe von bis zu vier Metern, oft kann man daher nur sehr wenige seiner Früchte erreichen, die meisten bleiben den Vögeln vorbehalten. Die kugeligen, kleinen Apfelfrüchte erreichen einen Durchmesser von ungefähr einem Zentimeter und tragen am Fruchtansatz einen auffälligen Kranz der verbliebenen Kelchblätter. Eigentlich reifen die Früchte fortwährend nach von Juni bis August, doch sind sie zumeist schon im Juli komplett abgefressen, da alle heimischen Vögel diese Leckerbissen zu schätzen wissen.

In den Früchten sind jeweils ungefähr zehn Samen. Diese enthalten Blausäure, weshalb man sie zwar mitessen kann, aber nicht zerkauen sollte. Die unzerkauten Kerne werden unverdaut wieder ausgeschieden, und bei einer Handvoll Früchte hat man keinerlei Vergiftungserscheinungen zu befürchten. Durch die Verarbeitung zu Marmelade verfliegen die cyanogenen Glykoside. Die getrockneten Beeren kann man wie Rosinen verwenden. Von den circa 25 Arten der Gattung sind die meisten in Nordamerika heimisch, in Europa findet sich nur eine Art.

Eine besondere Spezialität im westlichen Nordamerika ist Saskatoon-Marmelade aus den Früchten der Erlenblättrigen Felsenbirne, die dafür auf Plantagen angebaut wird.

25 Feuerdorn

Mehr als nur Vogelbeeren

Der Feuerdorn ist eine immergrüne Zierpflanze, die vor allem wegen ihrer »Vogelbeeren« bekannt ist. Die gelben, roten oder orangefarbenen Früchte stechen aus unserer eher trüben Winterflora heraus und bieten unseren Singvögeln eine willkommene Futterquelle.

Eigentlich stammt der Mittelmeer-Feuerdorn aber aus Südeuropa und Kleinasien. Dass wir ihn als heimisch wahrnehmen, liegt daran, dass er schon im 17. Jahrhundert in Deutschland eingeführt wurde. Das dekorative, robuste Gewächs ist winterhart und durch seine Schnittfestigkeit eine beliebte Heckenpflanze. Sein sparriger Wuchs und die kräftigen Sprossdorne bilden nämlich einen dichten Zaun aus. Im Herbst geerntet sind die Äste eine schöne und langlebige Vasendekoration.

Feuerdorn wächst als bis zu vier Meter hoher Strauch oder als kleiner Baum und trägt überall auf seiner Rinde Dornen. An den Zweigen und Ästen stehen die einfachen Laubblätter, die zumeist kurz gestielt in Büscheln auftreten und eine eiförmige, längliche Form und einen gesägten Rand aufweisen. Im Mai und Juni bilden sich die Doppeldolden mit kleinen weißen Blüten. Aus ihnen entstehen die erbsengroßen, apfelähnlichen Beeren, je nach Zuchtsorte mit gelben, orangenen oder tiefroten Früchten, die in der Regel fünf Samen enthalten.

Wenig bekannt ist, dass man die Früchte sehr gut zu Gelee und Marmelade verarbeiten kann. Dazu sollte man sie im Verhältnis 1:1 mit Wasser oder Fruchtsaft pürieren und durch ein Sieb streichen. Wichtig ist, dass man vorher die Beeren zerdrückt, damit die leicht giftigen Nüsschen beim Passieren darin hängen bleiben. Den Saft mit halb so viel 3:1 Gelierzucker zu Gelee einkochen. So hat man die »Vogelbeeren«, vor denen sonst immer gewarnt wird, im Nu in den eigenen Ernährungsplan integriert. Allerdings sollte man sie immer nur in Maßen ernten, um den Vögeln noch genug übrig zu lassen.

Aus dem Mark passierter Feuerdornfrüchte kann man auch eine leckere herzhafte Sauce bereiten, indem man das Mus mit Gemüsebrühe und Sahne verkocht.

26 Fingerhirse

Das Urgetreide Indiens

Die Fingerhirse ist in einigen Teilen der Welt schon lange fester Bestandteil des Speiseplans. Ursprünglich aus Afrika stammend, fand sie schon vor mehr als 3.000 Jahren ihren Weg auf den asiatischen Kontinent und wird seitdem vor allem in Indien und Nepal angebaut. In Indien floriert aktuell sogar der Handel mit der Fingerhirse, während der Anbau der Pflanze in ihrer Heimat Afrika rückläufig ist.

Das »Urgetreide Indiens«, wie es daher neuerdings vermarktet wird, gedeiht am besten in feuchten Regionen und wird weltweit auf einer Fläche von ungefähr vier Millionen Hektar angebaut. Erste Kulturversuche in Europa waren bislang nicht sehr erfolgreich. Auch in Afrika ist der Anbau schwierig, weil die Fingerhirse als Jungpflanze kaum von ihren wilden Verwandten unterschieden werden kann, die als Beikräuter allgegenwärtig sind. Traditionell wird das feine Korn in Afrika als Streusaat gesät, somit ist die Kultur sehr aufwendig, und die Bauern müssen auf Knien durch das Feld rutschen und jede einzelne Pflanze genau prüfen, um alle Schädlinge sicher jäten zu können.

Hierzulande findet man Fingerhirse erst seit 2013 im Handel. Unter dem Namen Ragi und Kurakkan ist sie in indischen Supermärkten bekannt, seit Kurzem kann man sie aber auch als gemahlenes Corakorn im Versandhandel sowie in vielen Reformhäusern und Bioläden finden. Praktisch an der Fingerhirse ist, dass die Samen nicht mit den Fruchthüllen verwachsen. Es entfällt also das für Getreide typische, aber eben auch lästige Entspelzen, also das mechanische Trennen von Samen und Spelzen.

Die weißen, braunen oder schwarzen Körner der formenreichen Fingerhirse zeichnen sich durch ihren hohen Nährwert aus, bemerkenswert ist vor allem der hohe Gehalt der Aminosäure Methionin, die in anderen Grundnahrungsmitteln kaum enthalten ist und besonders für ihre blutzuckersenkende Wirkung geschätzt wird.

Fingerhirse kauft man in der Regel gemahlen. Verschiedene Angebote finden sich in Ayurveda-Shops im Internet. Ein beliebtes Rezept ist der indische Frühstücksmuffin Ragi Idli, ein gedämpftes Portionsküchlein. Rezeptanleitungen dazu gibt es auf YouTube.

27 Fonio

Ein robustes Körnchen

Fonio ist ein afrikanisches Urgetreide und als solches hoch angesehen. Es gilt als das Getreide mit dem besten Geschmack und war deswegen früher für Stammeshäuptlinge oder besondere Anlässe reserviert. Es gedeiht vom tropischen Westafrika bis nach Kamerun und kann sowohl mit zeitweiser Trockenheit als auch mit starken Regenfällen gut umgehen. Heute liegt die Kultur des Getreides beispielsweise im Süden Malis in der Hand der Frauen, die auf diesem Weg ihre Selbstständigkeit und Unabhängigkeit vorantreiben und ein Instant-Mehl aus den vorgegarten Körnern vermarkten. Das größte Anbaugebiet ist allerdings in Guinea, wo jährlich über 500.000 Tonnen geerntet werden. Was Fonio außerdem besonders macht, das ist die kurze Kulturzeit: Schon nach acht Wochen kann man einige Sorten ernten. Zudem gedeiht es auch auf sehr armen Böden.

Das Getreide schmeckt nicht nur gut, sondern ist auch von seinen Inhaltsstoffen her sehr wertvoll, denn Fonio ist reich an den Aminosäuren Methionin und Cystin. Außerdem enthält es viel Magnesium, Kalzium und Zink.

Vor allem zwei Arten dieser Hirsegattung spielen wirtschaftlich gesehen eine wichtige Rolle: der Weiße Fonio und der Schwarze Fonio. Der Weiße Fonio ist die meistgenutzte Art, während der Schwarze Fonio nur regionale Bedeutung hat, weil er schwieriger zu verarbeiten ist.

Aus dem Getreide werden die unterschiedlichsten Produkte gefertigt. Einerseits bildet es die Basis für verschiedene Brei-Zubereitungen, gemeinsam mit anderen Getreidesorten wird Fonio aber auch zu Brot verbacken. Die Lambas in Togo brauen Bier aus Fonio.

Interessant für uns ist Fonio aber auch, weil es ein glutenfreies Getreide ist – wenn es bei uns bekannter werden würde, könnte man eine nachhaltige Alternative für Menschen schaffen, die Gluten nicht vertragen, und gleichzeitig den fairen Handel stärken.

Fonio kann man zum Beispiel bei www.spicelands.de kaufen.

28 Gänseblümchen

Ein unterschätztes Pflänzchen

So klein es scheint, ist das Gänseblümchen doch das perfekte Wildgemüse: Es wächst auf praktisch jeder Wiese, und es gibt keine Verwechslungsgefahr, weil alle Pflanzen mit ähnlichen Blüten beblätterte oder verzweigte Stängel aufweisen. Die Blüten lassen sich mit ausgestreckten Fingern leicht aus der Wiese kämmen, und so hat man schnell eine Tasse voll gesammelt, um daraus beispielsweise ein leckeres Pesto zu bereiten. Das Gänseblümchen bietet leckere Blättchen, die geschmacklich mit Feldsalat verglichen werden, und auch die Blüten sind schmackhaft und gesund. Ihre nussartig schmeckende Knospe kann man als Kapernersatz sauer einlegen. Da sie reich an Mineralien sind, viel Vitamin A und C sowie ätherische Öle, Saponine, Gerb-, Bitter- und Schleimstoffe enthalten, sind sie nicht nur als Frischkost sehr wertvoll, sondern auch als Heilpflanze. Traditionell wird das Gänseblümchen bei Hauterkrankungen, PMS-Beschwerden und Leberleiden eingesetzt.

Die ausdauernde, krautige Pflanze bildet fast ganzjährig regelmäßig neue Blüten, die auf dem blattlosen Stiel ein einzelnes Blütenkörbchen hervorbringen. Die zehn bis 15 Millimeter große Blüte ähnelt der Kamille, dem einjährigen Feinstrahl und der Wiesen-Margerite, die aber alle eine andere Wuchsform haben.

Das Gänseblümchen stammt eigentlich aus dem Mittelmeerraum und zählt zu den Archäophyten, also den Pflanzen, die vor Kolumbus durch menschlichen Einfluss verbreitet wurden. Im Falle der *Bellis perennis*, was »ausdauernde Schöne« bedeutet, ist sein Vormarsch nach Norden durch die Einführung von großen Wiesenflächen und Parks begründet, die mehrfach im Jahr gemäht werden, was die niedrig wachsende Pflanze vor überwuchernden Gräsern und Wildblumen schützt.

Die Zuchthybriden der Wildpflanze sind auch beliebte Zierpflanzen, oft mit rötlichen Zungenblüten, die im Handel Maßliebchen genannt werden.

Rezept für Pesto: zwei Tassen Gänseblümchen, je eine Tasse Pflanzenöl, Röstzwiebeln und Nüsse in einem Messbecher mit Stabmixer pürieren und mit Salz und grünem Pfeffer abschmecken.

29 Gänsefuß

Kann viel mehr als nur Ackerunkraut

Der Weiße Gänsefuß ist eine bis zu zwei Meter hohe Wildpflanze, die aussieht, als wäre sie mit Mehl bestäubt. Der zweite Teil ihres Namens kommt daher, dass ihre Blätter den Rudern von Gänsen ähneln sollen – dabei sind sie eigentlich ziemlich formenreich und treten auch länglich-oval oder rhombisch auf.

Der Gänsefuß ist in ganz Europa heimisch und weltweit verbreitet. Die Pionierpflanze besiedelt von Menschen geprägte Standorte wie Brachen, Gärten, Wegränder und Äcker. Während man den Gänsefuß hierzulande zumeist als Unkraut betrachtet, dient er in anderen Regionen als Gemüse, Pseudo-Zerealie, Heilmittel oder Futtermittel. Die flach eiförmigen Früchte enthalten schwarze kleine Samen, die wie Getreide genutzt oder als ganze Blüten- und Fruchtstände gekocht werden können.

In Indien werden Blätter und Sprossen wie Spinat als Kochgemüse genutzt, und die Samen werden sogar dem Buchweizen vorgezogen. Das Fuchsschwanzgewächs ist darüber hinaus Nahrungspflanze für zahlreiche Tierarten, zum Beispiel Schmetterlinge und Rehe, und wird vielseitig als Heilpflanze gepriesen.

Gänsefußblätter kann man als Tee aufbrühen. Durch seine entzündungshemmende Wirkung ist er heilsam bei Rheuma, gegen Wurmbefall und Magen-Darm-Erkrankungen. Aber auch zur äußerlichen Anwendung als Bad oder für Umschläge bei Sonnenbrand, Insektenstichen, Gelenkentzündungen und geschwollenen Füßen verspricht er Linderung. Die Samen kaut man bei Blasenbeschwerden, und das Kraut enthält außerdem hormonähnliche Inhaltsstoffe, die gegen Frauenbeschwerden helfen sollen.

Die bis zu einem Meter lange Pfahlwurzel liefert zerstoßen einen milden Seifenersatz. Wir sehen: Der Weiße Gänsefuß ist eine ziemlich vielseitige Pflanze und sollte in unserer Gesellschaft keineswegs als Ackerunkraut vernichtet werden.

Der verwandte Riesen-Gänsefuß aus dem Himalaya ist eine domestizierte Kulturpflanze, die man in Kräuter-Gärtnereien unter dem Namen Baumspinat beziehen kann.

30 Giersch

Eine Geduldsprobe für Gärtner

Der Gewöhnliche Giersch ist wahrscheinlich jedem Gärtner schon einmal auf den Geist gegangen, denn die Pflanze aus der Familie der Doldenblütler pflanzt sich vor allem vegetativ, also über ihre Wurzeln, fort. Deshalb bringt das reine Jäten in der Regel nichts, denn auch kleinste Wurzelreste können erneut austreiben, und schon hat man den Giersch wieder im Garten. Viel sinnvoller ist es daher, die Pflanze auf den eigenen Speiseplan zu setzen. Dann überwiegt nämlich die Freude darüber, das Kraut zu sehen, wenn es wieder austreibt.

Dass man den Giersch ganz einfach als Nahrungsmittel kultivieren kann, haben viele Menschen während der Weltkriege zu schätzen gewusst. Denn der Giersch ist bis in den Spätherbst hinein in rauen Mengen verfügbar und ein wichtiger Vitaminlieferant. Man findet ihn ab April an halbschattigen Plätzen, wie zum Beispiel unter Büschen, an Waldrändern oder aber in Gartenkolonien. Man erkennt ihn an seinen Bättern, die an das Trittsiegel einer Ziege erinnern und nach Möhre und Petersilie riechen. Daher wird der Giersch auch als Geißfuß bezeichnet. Ab Mai helfen zusätzlich die aufragenden Blütenstände dabei, ihn zu identifizieren: Sie sind flach, doppeldoldig und voll mit kleinen weißen Blüten. Ab Juli bilden sich die Samen.

Der Gewöhnliche Giersch gilt als wirksamstes pflanzliches Heilmittel gegen Gicht. Die jungen Blätter kann man wie Petersilie gehackt in der Küche verwenden. Die Samen kann man – ähnlich wie bei den Verwandten Kümmel, Anis und Fenchel – beispielsweise in einem Brotteig verarbeiten. Die Schärfe und das charakteristische Aroma der Doldenblütler verleihen einem Brot so das gewisse Etwas. Die Samen eignen sich auch, um gegen Magenbeschwerden vorzugehen. Aus den Blüten kann man außerdem einen Sud kochen, der bewusstseinserweiternd wirkt, oder sie in Süßspeisen verarbeiten.

Aegopodium podagraria, wie sein wissenschaftlicher Name lautet, ist gut daran zu erkennen, dass sein Blattstiel v-förmig ist und eine Fuge bildet, an der Tauwasser wie in einer Regenrinne hinabläuft.

31 Glaskraut

Dieses Kraut ist sogar Wildkräuterkundlern suspekt

Das Glaskraut ist eine bis zu einem Meter hohe, ausdauernde, aufrechte, kaum verzweigte Heilpflanze. Es ist noch relativ unbekannt in der heutigen Wildkräuterkunde und auch sonst eher unscheinbar: Die Verwandte der Brennnessel findet man an Waldrändern in Säumen von Klettenlabkraut (siehe Nummer 49) und Nesseln. Sie kann aber auch große Kolonien bilden. Ein Grund, warum Glaskraut vielen trotz seiner viel gepriesenen Heilwirkungen eher suspekt ist: Es ist gänzlich geruchslos.

Die Stängel sind leicht brüchig und flaumig behaart, allerdings ohne Brennhaare. Die Blätter sind wechselständig, gestielt, eiförmig-lanzettlich bis eiförmig rundlich und bis zu zehn Zentimeter lang. Sie fühlen sich klebrig an und haften an der Kleidung. Glaskraut blüht von Juni bis September. Seine Blüten sind grünlich, unscheinbar und bilden in dichten Knäueln stehende Blütenstände in den Blattachsen. Die Früchte sind kleine Nüsse, die schwarz und glänzend aussehen. Aber Achtung: Seine Blütenpollen können Allergien auslösen. Die Pflanze kann roh oder gekocht verwendet werden und hat einen vorzüglichen, nussigen Geschmack. Spätestens mit den kugeligen Blütenständen ist das Glaskraut leicht zu bestimmen. Die oberen Triebspitzen kann man komplett verwenden: Dabei genießt man bei diesem Blattgemüse auch noch den Vorzug, dass der kalorische Wert der Fruchtstände den der Blätter komplimentiert.

Glaskraut, wissenschaftlich *Parietaria*, wurde in der Volksmedizin zur Behandlung von entzündeten Wunden, Nierenentzündung, Hämorrhoiden, Blasenentzündung, Steinerkrankung, Hautflecken, Verbrennungen, Harnwegsinfektion, Rheuma, Husten und Albuminurie (Eiweiß im Urin) eingesetzt. Damit ist das Kraut heute, in Zeiten von Zivilisationskrankheiten wie Diabetes, eine sinnvolle Ergänzung auf dem Speiseplan. Seinen Namen erhielt es übrigens deshalb, weil es früher zum Putzen von Gläsern genutzt wurde.

Glaskraut, das im Licht wie lackiert glänzt, wurde schon um 1500 in Dominikanerklöstern als Heilpflanze angebaut. Von den weltweit etwa 20 Glaskrautarten sind nur drei in Mitteleuropa verbreitet.

32_Goethepflanze

Nicht die Einzige, die diesen Namen trägt

Die Goethepflanze ist eine von mindestens drei Brutblattpflanzen, die nach dem berühmten Dichter und Naturforscher Johann Wolfgang von Goethe benannt wurden. Die Goethepflanze, die wir an dieser Stelle auf die Liste der Future Foods setzen, ist unter dem Namen Keimzumpe auch als Frauenheilkraut bekannt. Man sagt, dass Goethe die Pflanze erstmals in einem botanischen Garten bewundert habe und sofort begeistert von ihrer Fortpflanzung gewesen sei. Die Keimzumpe trägt ihre Samen nämlich an ihren Blättern. Schon bei der kleinsten Berührung fallen die Samen ab und schlagen Wurzeln, aus denen eine vollständige Pflanze erwächst. Deshalb bezeichnete Goethe sie als proteisch – sie verfügt nämlich quasi über die Fähigkeit, sich aus allen Teilen neu zu erschaffen. Im Englischen wird die Pflanze deshalb passenderweise als Mother of Millions bezeichnet.

Sie stammt ursprünglich aus Madagaskar und ist eine ausdauernde sukkulente Pflanze, die bis zu 150 Zentimeter hoch werden kann. Die dreieckig zugespitzten dunkelgrünen Blätter können braun-rot gefleckt sein und bei wild wachsenden Pflanzen über 20 Zentimeter lang und bis zu fünf Zentimeter breit. An den gekerbten, nach oben gewölbten Rändern bilden sich rundum zahlreiche Brutknospen. Die Blätter und Stängel der Pflanze sind fleischig-sukkulent und speichern Wasser. Außerdem verringert eine glänzende Wachsschicht die Verdunstung, weshalb die Goethepflanze Trockenheit sehr gut verträgt. Der ganze Stoffwechsel ist darauf eingerichtet, im Wüstenklima zu gedeihen.

Man kann die Blätter der Goethepflanze wie saure Gurken einlegen und dann in kleinen Mengen im Salat verwenden – so schmecken sie besonders gut. In der Volksmedizin tropischer Länder wird ihr Saft innerlich gegen Diarrhö und allerlei Fieber gegeben, und in der Anthroposophischen Medizin wird er zur Verhinderung vorzeitiger Wehen eingesetzt.

Goethepflanzen gehören zur Gattung Kalanchoe, zur Sektion der Brutblätter. Brutblätter gelten als pflanzliches Valium gegen Panikattacken und sollen gegen Krebs helfen.

33 Goldrute

Spargel von der Straße

Die Kanadische Goldrute kommt ursprünglich aus Nordamerika, verbreitet sich bei uns aber inzwischen viel rasanter als in ihrer Heimat, da sie hier keine natürlichen Fressfeinde hat und somit als Neophyt gilt. Bisher dient sie hierzulande vor allem als späte Bienenweide und beliebte Gartenpflanze. Damit nutzen wir das Potenzial dieses Korbblütlers aber bei Weitem nicht aus, denn die Goldrute ist ein altbewährtes Heilmittel bei Nierenbeschwerden. Das liegt daran, dass sie eine harntreibende Wirkung hat. Auszüge und Tinkturen der Pflanze sorgen dafür, dass die Leistung der Nieren erhöht wird. Darüber hinaus ist sie für ihre antibakterielle und entzündungshemmende Wirkung bekannt, weshalb sie bei unterschiedlichen Beschwerden zum Einsatz kommt.

Kennzeichnend für die Goldrute, die bis zu zwei Meter hoch wird, sind die goldgelben Blüten, die sich ab Juli bilden. Sie besiedelt sowohl Wasserläufe als auch Brachen und Waldränder. Dass sie sich bei uns zahlreich vermehrt, liegt nicht nur an den fehlenden Fressfeinden, sondern auch an ihren Wurzeln, die sich rasch ausbreiten. Nicht zuletzt trägt auch die Tatsache, dass in einem Stängel bis zu 19.000 Samen produziert werden, dazu bei, dass die Goldrute quasi nicht mehr loszuwerden ist, wenn sie sich einmal für einen Standort entschieden hat. Ein Grund mehr, sie für unsere Küche nutzbar zu machen.

Wenn man die Goldrute in den eigenen Speiseplan integrieren will, dann lohnt es sich, bereits im Herbst nach Standorten der gelben Blüten Ausschau zu halten, damit man im Frühjahr die Sprossen ernten kann. Diese werden geschält und wie Spargel zubereitet. Ihr Geschmack ist leicht süßlich. Auch die Blüten der Goldrute kann man verwenden, zum Beispiel für Tees, Brühen oder Wein. Sie haben ein harziges Honigaroma und verleihen allen Zubereitungen eine wunderbar goldgelbe Farbe.

Zur Gattung Solidago gehören weltweit circa 100 Arten, die fast alle in Nordamerika verbreitet sind. In Deutschland findet man neben der Echten Goldrute, die in ganz Mitteleuropa heimisch ist, und der Kanadischen auch die Riesen-Goldrute, die allerdings nur 120 Zentimeter hoch wird.

34 Gundelrebe

Ihr Duft wehrt böse Geister ab

Die Gundelrebe ähnelt der Minze und dem Efeu. Kein Wunder also, dass man den Lippenblütler hierzulande auch als Erdefeu kennt. Der Name ist insofern sehr passend, als dass die Pflanze sich tatsächlich nur zur Blüte erhebt und ansonsten nahe am Boden wächst. Ursprünglich stammt die Gundelrebe aus Nordeuropa, inzwischen ist sie aber sogar in den USA und Neuseeland heimisch, wo sie von europäischen Emigranten eingeschleppt wurde und als Ground Ivy bekannt ist.

Die Stängel der Gundelrebe sind rot überlaufen und oft knotig. An diesen Knoten schlagen die Stängel ober- wie unterirdisch immer wieder neue Wurzeln und bis zu einen Meter lange Triebe. Deshalb wird die Pflanze auch als Kriechpionier bezeichnet. Um die Gundelrebe ranken sich zahlreiche Mythen und Geschichten. Zerrieben entwickelt sich ein starker und lange anhaftender Geruch, den viele als unangenehm empfinden. Deshalb wurde die Pflanze zeitweise auch »stinkender Absatz« geschimpft. Im Mittelalter wurde der Duft zur Abwehr böser Geister eingesetzt. Außerdem soll das Kraut als Soldatenpetersilie in Kriegszeiten dem oft faden Essen Geschmack verliehen haben. In England wurde »Alehoof« früher außerdem genutzt, um Ale, also helles Bier, zu brauen, bevor der Hopfen sich durchsetzte.

Man findet die Gundelrebe häufig auf Brachland, als Unkraut oder Bodendecker in Gärten, auf Wiesen, an Wegrändern oder in Hecken. Man kann die jungen, scharfen Blätter der Grundrosette, die Triebe und die Blüten als Rohkost verwenden. Ältere, stark würzige Teile kann man zu Gemüse verarbeiten oder trocknen und als Gewürz oder Tee einsetzen. Gerade Letzteres bietet sich an, denn Gundelrebe gilt als reich an Heilwirkstoffen. Sie soll lindernd oder gar heilend bei allen Atemwegserkrankungen, Hautkrankheiten, Magen-, Harn-, Darm- und Leberbeschwerden wirken und auch wohltuend für die Nerven sein.

Ihr botanischer Name ist *Glechoma hederacea*, sie wird aber auch Gundermann genannt. Verwechslungsgefahr besteht mit dem Kriechenden Günsel (*Ajuga reptans*). Dieser hat aber dickere Stängel, wächst pyramidenförmig und hat eher blaue Blüten.

35 Hagebutte

Kulturübergreifend gefeiert

Die Hundsrose ist den meisten besser als Heckenrose oder Hagebutte bekannt und soll in diesem Buch stellvertretend für die 20 Wildrosenarten stehen, die es in unseren Breiten gibt. Rosen begleiten die Menschheit schon immer, egal ob Chinesische Teerose oder tausendjährige Baumrose des Doms zu Hildesheim. Das liegt unter anderem daran, dass alle Rosen vor heilwirksamen Inhaltsstoffen nur so strotzen, was ihre medizinische Bedeutung in allen Kulturen belegt.

Zurück zur Hagebutte. Die weitverbreitete Wildrosenart wird für gewöhnlich zwei bis drei Meter hoch und trägt hellrosa bis weiße, einzeln oder in Rispen stehende Blüten, die immer ungefüllt sind. Von Juni bis August kann man die mal mehr, mal weniger duftende Blütenpracht bewundern. Das Hauptaugenmerk bei der kulinarischen Erschließung der Pflanze liegt allerdings auf ihren Früchten. Man kann sie zu Mark, Marmelade, Likör, Tee, Wein, Kompott oder Suppen verarbeiten. Aus den gerösteten Kernen wird ein Ersatz für Kaffee oder auch ein Tee hergestellt.

Aber auch die jungen Triebe, Blätter, süßen Knospen und Blüten können vielseitig in der Rohkostbereitung eingesetzt werden. Dabei sollte man das Laub sparsam verwenden, da der hohe Gerbstoffanteil den Genuss beeinträchtigt. Die Kerne sollten mindestens fünf Minuten gekocht werden und eine halbe Stunde lang ziehen, um das enthaltene Vanillin auszulösen. Es heißt, dass das ansonsten eher labile Vitamin C in der Hagebutte hitzebeständig und in ungewöhnlich hoher Menge enthalten ist.

Aus den entkernten Scheinfrüchten lässt sich eine gute rote Soße produzieren, um zum Beispiel eine alternative Pizzasauce zu kreieren. Aber auch alle oben erwähnten Zubereitungen ergänzen unsere Küche und fördern unser Wohlbefinden. Nach dem ersten Frost können die Früchte auch roh genossen werden, in Quarkspeisen oder Ähnlichem.

Auch die Blüten sämtlicher Zierrosen lassen sich zu köstlicher Marmelade verarbeiten, sofern sie nicht mit Pflanzenschutzmitteln behandelt sind. Dazu 100 Gramm rote Rosenblätter mit 500 Milliliter Wasser im Smoothiemixer homogen pürieren und mit 300 Gramm Gelierzucker (3:1) für vier Minuten kochen und abgeschäumt in sterile Gläser füllen. Mit gelben und weißen Rosen sieht die Marmelade allerdings nicht sehr appetitlich aus.

36 Hatomugi-Körner

Vergiss mein nicht

Die Hiobsträne, wie Hatomugi-Körner auch bezeichnet werden, hat ein entscheidendes Problem: Sie trägt so viele unterschiedliche Trivialnamen, dass sie unter ihrem richtigen Namen nie wirklich bekannt geworden ist. Das ist ziemlich besonders, wenn man bedenkt, dass die tropische Wildgrasart seit circa 4.000 Jahren kultiviert wird. Während sie am Gürtel um den Äquator als Lebensmittel verwendet wird, kennt man sie im südeuropäischen Mittelmeerraum vor allem als Zierpflanze. Neben Tränengras nennt man sie auch Christusträne, Bodhi-Samen oder auch Großer Steinsamen.

Ursprünglich stammt die Hiobsträne aus Südostasien. Die Pflanze ist einjährig und ähnelt dem Mais, wird einen bis drei Meter hoch und bildet zahlreiche Internodien. Aus diesen Blattachseln entstehen die büschelförmigen Blütenstände: Die weiblichen werden zu schnabelendigen Scheinfrüchten, die männlichen ähneln Hirserispen. Hierzulande findet man die Scheinfrüchte vor allem als Getreide in Asiamärkten. Sie fristen allerdings ein Schattendasein, denn sie sind nicht nur bei uns in Deutschland ziemlich unbekannt, sondern haben es genauso wenig ins Standard-Repertoire der asiatischen Küchenrichtungen geschafft. Trotzdem sind verschiedene Zubereitungen bekannt, in denen die Körner Anwendung finden, zum Beispiel gemahlen als milchiger Tee, als Schnaps, Essig oder süße Suppe. Die Hiobsträne gilt außerdem als Heilkraut und soll vor allem bei Rheuma, Lungenerkrankungen und Entzündungen helfen.

Weltweit ist die Kultur von Tränengras rückläufig, was nicht zuletzt damit zusammenhängt, dass der Ertrag pro Hektar sehr gering ist. Es droht, langfristig in Vergessenheit zu geraten, wenn wir die Nachfrage nach diesem Getreide nicht erhöhen und so dafür sorgen, dass dieses wichtige Gewächs weiterhin kultiviert wird. Denn ohne Hiobsgras würde den örtlichen Ökosystemen definitiv etwas fehlen.

In der Chinesischen Medizin zählt *Coix lacryma-jobi*, so lautet der wissenschaftliche Name, zu den traditionellen Heilkräutern und wird zum Beispiel als Langzeittherapie bei Rheuma, Lungenerkrankungen, gegen Entzündungen und als Diuretikum verabreicht.

37 Helmbohne

Der Vorläufer der Buschbohne

Die Helmbohne ist eine Nutzpflanze, die weltweit in subtropischen und tropischen Ländern angebaut wird. Hierzulande ist sie ein eher unbedeutendes Nischenprodukt, hat aber aufgrund ihrer wunderschön gefärbten Schoten auch beträchtlichen Zierwert. Ursprünglich beheimatet ist sie aber in Indien. Es wurden zahlreiche Zuchtsorten entwickelt, auf die jeweiligen klimatischen Verhältnisse der Anbauländer angepasst. Besonders für niederschlagsarme Gebiete ist sie sehr geeignet, da sie überaus dürreresistent ist. Sie braucht nur Temperaturen über 20 Grad und verträgt keinen Frost. Wenn man sie in unserem gemäßigten Klima kultivieren will, sollte man sie in großen Kübeln anbauen und im Herbst im Keller überwintern lassen.

Je nach Standort und Sorte kann die Helmbohne einen buschigen oder kletternden Wuchs aufweisen und bis zu sechs Meter lange Triebe bilden. Ihr dreigeteiltes, wechselständiges Laub ähnelt dem der Gartenbohne, und ihre weiß oder lila gefärbten Blüten bilden einen aufrechten Blütenstand. Daraus entstehen die, je nach Sorte, fünf bis 20 Zentimeter langen, etwas gebogenen Hülsen, die ebenfalls ein reiches Farbspektrum aufweisen können, von Grün über Purpurrot bis Schwarz. Auch die eiförmigen Samen variieren in ihrer Farbe, charakteristisch ist jedoch ihr helmartiger Ringwulst.

Im Gegensatz zu unserer traditionellen Handhabe, im Sommer Bohnenschoten als Gemüse und Trockenbohnen für Suppen zu verwenden, zeigt die indigene Nutzung der Helmbohne eine ganzhaltige Esskultur. Die unreifen Hülsenfrüchte werden ebenso wie reife Samen als Gemüse zubereitet oder als nahrhafte Zutat in Eintöpfen und Suppen verwendet. Ihre Blätter werden wie Spinat zubereitet und ihre vitaminreichen Keimlinge wie Sojasprossen. Die knolligen Pfahlwurzeln und jungen Triebe werden ebenfalls als Gemüse gekocht. Viehzüchter nutzen sie zur Tierfütterung.

Unter dem Handelsnamen Black Njahĩ oder Kenyan Black Beans findet man die Kiloware als Trockenbohne für ungefähr fünf Euro pro Kilogramm. Das Saatgut findet man unter dem Namen Helm- oder Hyanzinth-Bohne und erhält fast zum selben Preis nur zehn Bohnen. Die Webseite www.seedsofindia.com bietet verschiedene Helmbohnensorten.

38 Hirschhornwegerich

Gedeiht auch in Salzwasser

Die schmalen, am Rand gezahnten Blätter des Hirschhorn- oder Krähenfußwegerichs wachsen in dichten Rosetten und erinnern an Hirschgeweihe, auch wenn sie mit fünf bis 25 Zentimetern Länge nicht ganz so imposant sind. Die zahlreichen Einzelblüten stehen von Juni bis September in Ähren auf einem langen, blattlosen Stängel. Aus den Blüten bilden sich Kapselfrüchte.

Beheimatet ist der Hirschhornwegerich auf Salzwiesen in den Küstengebieten Europas. In Norditalien und im Süden der Schweiz wird *Erba stella* als Salat- und Gemüsepflanze geschätzt und sogar angebaut. Sie lässt sich auch in normaler Gartenerde problemlos kultivieren, dann fehlt allerdings die salzige Note, die sonst den leicht bitteren, säuerlichen und pikant-nussigen Geschmack begleitet.

Die winterharte, mehrjährige Pflanze kann ganzjährig wie Schnittsalat fortlaufend beerntet werden. Die jungen, zarten Blätter eignen sich für gemischte Salate, Smoothies oder als Pesto. Geschmacklich passen sie gut zu Käse, Obst und Nüssen. Die älteren Blätter sind für Salate zu hart und zu bitter. Genießbar werden sie, wenn man sie zwei bis drei Minuten blanchiert oder in Olivenöl anbrät. Dann kann man sie als Gemüse essen, beispielsweise als Beilage zu Spaghetti.

Kapuziner-, Mönchs- oder Ziegenbart, wie der Hirschhornwegerich auch genannt wird, enthält viel Kalzium sowie die Vitamine A, B2 und C. Der Arzt und Botaniker Hieronymus Bock empfiehlt das Kraut schon im 16. Jahrhundert gegen Nieren- und Blasenleiden. Ein Tee aus dem Wegerichgewächs soll gegen Erkältungen helfen, ein daraus gekochter Sirup wirksam gegen Husten sein. Als Küstengewächs verträgt der Hirschhornwegerich einen hohen Salzgehalt, was uns vor allem vor dem Hintergrund des Klimawandels nützlich erscheint, wenn der Meeresspiegel steigt und die Küstenfläche tendenziell größer wird.

Hirschhornwegerich lässt sich auch gut auf der Fensterbank oder dem Balkon kultivieren. Allerdings braucht er ausreichend große Töpfe, um genug Platz für sein Wurzelwerk zu haben.

39 Hohe Rebhuhnbeere

Die kann mehr als Schnittgrün

Auch wenn die wenigsten Menschen die Hohe Rebhuhnbeere mit Namen kennen, kann man durchaus festhalten, dass sie zu den beliebten Pflanzen Deutschlands gehört. Man findet sie in Gartencentern, Baumschulen und bei Floristen. Hier dient sie dank ihres immergrünen Laubs als Schnittgrün. Der Zwergstrauch ist verwandt mit dem Wintergrün, gehört zur Familie der Heidekrautgewächse und ist eigentlich an einem ganz anderen Ort zu Hause, nämlich entlang der nordamerikanischen Pazifikküste.

Die blauen Früchte des Strauchs wurden schon von den Chinooks, einem Stamm der nordamerikanischen Ureinwohner, als Nahrungsmittel genutzt. Systematisch beschrieben wurde die Pflanze aber erst von Lewis und Clark bei ihrer Expedition nach Amerika in den Jahren 1804 bis 1806. Die auch als Salalbeeren bekannten Früchte werden traditionell zu Fruchtleder verarbeitet und als Trockenobst konsumiert. Man kann sie aber auch nutzen, um eine köstliche Marmelade aus ihnen zu kochen. In Kanada werden mit den Beeren Saucen verfeinert. Die amerikanischen Ureinwohner sagten der Pflanze außerdem heilende Kräfte nach. Tatsächlich haben ihre Blätter eine adstringierende Wirkung, sind entzündungshemmend und helfen gegen Krämpfe. Äußerlich soll die Pflanze gegen Insektenstiche wirken.

Der weltweite Handel mit der Hohen Rebhuhnbeere als Schnittgrün ist in ihrem Ursprungsverbreitungsgebiet von beträchtlicher ökonomischer Bedeutung. Ihr ledriges Laub, die weißlichen Glockenblümchen, die roten Stängel und ihre wunderschön daran aufgereihten blauen Beeren sind der Grund, warum die Pflanze nun auch zur Gartenkultur angeboten wird. Neben der Hohen Rebhuhnbeere finden wir im Handel außerdem die verwandte Rote Teppichbeere, die auch als Wintergrün gehandelt und als Niedere Scheinbeere bezeichnet wird. Diese wiederum ist an der Ostküste Nordamerikas heimisch, wird aber traditionell genauso verwendet.

Neben *Gaultheria shallon* ist auch die Torfmyrte oder Steife Scheinbeere aus Chile eine wunderschöne Zierpflanze mit essbaren Beeren. Das Gewächs ist eine der dominanten Pflanzen im Gebirge, oberhalb der Baumgrenze.

40 Hopfen

Nicht nur im Bier ein Genuss

Als Kulturpflanze zum Bierbrauen ist der Hopfen bekannt und wichtig für die deutsche Landwirtschaft. Der wilde Hopfen hingegen ist zwar weiter verbreitet, aber leider wenig bekannt und kaum genutzt. Man findet ihn an stickstoffreichen, grundfeuchten Standorten wie Flussauen und Waldrändern, und auch - aus dem Anbau verwildert - in Heckensäumen und Feldgehölzen.

Die ausdauernde Schlingpflanze treibt im Frühjahr aus zahlreichen Trieben aus und kann sich dank ihrer borstigen Klimmhaare an Bäumen, Gebüschen und Zäunen bis zu sechs Meter hoch emporwinden. Man erntet die Sprossen nach der ersten Blattachsel und fühlt mit etwas Übung sehr leicht die Stelle, wo der Stiel noch zart genug ist. Aus den weiblichen Blüten bilden sich die charakteristischen Hopfenzapfen. Die Triebspitzen sind eine wahre Delikatesse und können wie Wildspargel zubereitet werden. Oft sind sie unter dieser Bezeichnung im Handel zu finden, eine Vermarktung der Pflanze, die zunehmend an wirtschaftlicher Bedeutung gewinnt. Neben den Trieben kann man die jungen Wurzeln und Blüten als Gemüse ernten und die Samen wie Nüsse knabbern.

Die Hopfenzapfen dienen mit ihren Bitterstoffen nicht nur zur Würze, sondern haben auch einen konservierenden Effekt. Außerdem bildet sich in den Drüsen der weiblichen Blüten Hopfenharz, das neben seinem Aroma eine überaus beruhigende und schlaffördernde Wirkung hat, ähnlich dem körpereigenen Schlafhormon Melatonin. Seiner Bitterstoffe wegen, die unsere Magensaftsekretion stimulieren, wird der Hopfen in der Naturheilkunde auch bei Appetitlosigkeit und Verdauungsbeschwerden eingesetzt. Es lohnt sich wirklich, diese Pflanze kennenzulernen, um im Frühjahr ihre leckeren Sprossen in Butter gebraten zu genießen. Aufgrund ihrer gegenständigen Blätter, die rau wie Schmirgelpapier sind, ist sie leicht von anderen Schlingpflanzen, wie der Waldrebe oder Zaunrübe, zu unterscheiden.

Hopfen wird auch als Extrakt gegen die Beschwerden der Wechseljahre genutzt, als Pellet zum Bierbrauen vertrieben und als Zapfen zum Räuchern gehandelt. Hopfen lässt sich leicht aus Ablegern ziehen. Das hat den Vorteil, dass man von vornherein nur Stecklinge von weiblichen Pflanzen verwenden kann. Die Vermehrung durch Saatgut ist dem natürlichen Zufall überlassen.

41 Huflattich

Der Bote des Frühlings

Der Coltsfoot, wie die Pflanze auf Englisch heißt, bildet dank seinem rübenwüchsigen Rhizom mit sehr langen Ausläufern oft umfangreiche Kolonien an Weg- und Straßenrändern, Böschungen, Schutthalden, Ufern und Kiesgruben. Auch auf Spielplätzen findet man den Huflattich oft. Er wächst im gesamten euroasiatischen bis submediterranen Raum und ist ebenso in den USA eingebürgert. Seine bis zu 30 Zentimeter hohen Blütenschäfte schießen oft als erste Boten des Frühlings in die Höhe. Aber erst, wenn sich die winzigen Nussfrüchtchen zur weißen Flaumkugel entwickelt haben, entfalten sich die hellgrünen, fleischigen Blätter. Deren Oberseite fühlt sich gummiartig an, die Unterseite ist filzig und weiß-wollig behaart.

Sowohl die Blätter als auch die anderen Teile des Huflattichs kann man wunderbar in der Küche verwenden: Die Blütenköpfchen schmecken angenehm aromatisch, ähnlich denen der Margerite und Chrysantheme. Sie geben einen wunderbaren Sirup ab und machen sich auch als Tee gut. Die Stängel und Stiele sind saftig und süß, wobei die Stängelschuppen entfernt werden sollten. Die jungen Blätter sind, auch roh, sehr vielseitig verwendbar, die älteren hingegen sind eher herb-würzig und brauchen eine gewisse Kochzeit, Wasserwechsel und Entfernen des Flaums, um genießbar zu sein. Sie schmecken zum Beispiel ausgebacken als Beignets.

In China werden Huflattichzigaretten als Heilmittel gegen Raucherhusten und Asthma eingesetzt. Die Blätter enthalten außerdem Pflanzenschleime, Harz, Gerbstoffe, ein ätherisches Öl, Inulin, Vitamin C und Mineralsalze wie Zink – nicht zuletzt deshalb eignet sich der Huflattich auch zur äußeren Anwendung, zum Beispiel zur Behandlung eiternder Wunden. Bei Huflattich sollte man allerdings vorsichtig sein und nur moderate Mengen zu sich nehmen, da zum Teil auch Pyrrolizidinalkaloide enthalten sind, die bei Ratten zu Leberschäden geführt haben.

Pyrrolizidinalkaloide (PA) bildet der Huflattich unter Stress, zum Beispiel durch Fraßbefall oder bei Trockenheit. Konsumiert man nur ganz junge Huflattichblätter, die an einem Bach wachsen und keine sichtbaren Schäden aufweisen, kann man die Gefahr durch PA praktisch ausschließen.

42 Indisches Springkraut

Wunderschöner Schädling

Das Indische Springkraut ist ein Neophyt, der hierzulande mit allen möglichen Mitteln bekämpft wird, um die hiesige Flora zu schützen. Die Angst vor dem Springkraut ist nicht unbegründet, denn seinen Namen trägt es nicht zuletzt deshalb, weil seine Springkapseln pro Pflanze bis zu 4.000 Samen um die sieben Meter weit streuen können. Um diesen Mechanismus auszulösen, reicht eine leichte Berührung, zum Beispiel durch einen Regentropfen. So bildet die einjährige Pflanze riesige Monopolbestände. Durch ihre enorme Höhe von drei Metern überwuchert sie außerdem alle heimischen Pflanzen.

Die Hauptwachstumsphase des Springkrauts beginnt im April. Man findet es vor allem in der Nähe von Gewässern und an Waldrändern, denn das Springkraut mag es feucht. Aber erst Ende Juni beginnt die Pflanze, einem wirklich ins Auge zu stechen: Dann schießt sie in die Höhe, und es bilden sich die rosa bis violetten Blüten, die mancherorts ganze Landschaftsstriche überziehen. Sie werden bis zu vier Zentimeter lang und sind an traubigen Blütenständen angeordnet. Ihre Form erinnert an Löwenmäulchen- oder Orchideenblüten, weshalb die Pflanze auch Bauernorchidee genannt wird.

Beim Indischen Springkraut sind vor allem die Blüten für unseren Ernährungsplan interessant, denn die grünen Bestandteile sind leicht giftig und können zu Brechreiz führen. Die Blüten jedoch besitzen einen köstlichen, bis zu 40-mal süßeren Nektar als der Durchschnitt unserer heimischen Blütenpflanzen. Dadurch eignen sie sich wunderbar, um Marmelade oder Sirup einzukochen. Die Samen sind unreif mit den ganzen Früchten zu ernten, aus ihnen lässt sich sogar eine Art Marzipan zubereiten. Die reifen schwarzbraunen Früchte zu fangen klappt am besten, wenn man einen Eimer nimmt und die Fruchtstände in ihm abschüttelt. So kann man aus ihnen Bratlinge bereiten oder sie im Müsli genießen.

Impatiens glandulifera ist auch als Bachblüte Nummer 18 für seine beruhigende Wirkung bekannt und Bestandteil der Rescuetropfen gegen Stress, Angst und Panikattacken.

43 Japanischer Knöterich

Ein ungewünschter Wildrhabarber

Wie das Indische Springkraut gilt der Japanische Knöterich in unseren Breiten als Neophyt. Das bedeutet, dass er bei uns keine natürlichen Fressfeinde hat und sich deshalb quasi ungebremst ausbreiten kann. Um das zu verhindern, wird vielerorts mit Gift gegen die Staude vorgegangen. Und das, obwohl man den Knöterich wunderbar als Lebensmittel verwenden kann.

Der Neophyt mit den hohlen, rot gefleckten Stängeln stammt ursprünglich aus China, Korea und Japan und wurde in Europa unter anderem von Imkern eingeführt. Denn die Triebe der Pflanze schießen im Frühjahr förmlich aus dem Boden und erreichen binnen weniger Tage eine beträchtliche Höhe, sodass sie sich wunderbar als frühe Bienenweide eignen. Heute breitet sich der Knöterich bei uns an Fließgewässern, Seen, Straßenrändern und Brachen aus, wird aber kaum noch genutzt, weshalb allein in Europa mehrere hunderttausend Tonnen Biomasse jedes Jahr vernichtet werden. Das ist sehr bedauerlich, denn der Japanische Knöterich ist ein echtes Superfood.

Am ehesten vergleichbar ist der Geschmack der Knöterich-Sprossen mit dem des Rhabarbers. Durch die fehlende Oxalsäure kann man sie sogar roh verspeisen. Bei japanischen Schulkindern sind die Sprossen ein beliebter Snack auf den Schulweg, denn sie sind knackig frisch, sehr saftig und haben einen hohen Vitamin-C-Gehalt. Wer also eine Population in seiner Nähe entdeckt, der sollte sie unbedingt nutzbar machen. Dafür schneidet man in der Hauptwachstumsphase bestenfalls täglich die neu gebildeten Sprossen zurück und verwendet sie in der Küche – so verholzen die Stämme nicht, und man kann sogar bis in den Oktober hinein ernten. Die Sprossen kann man roh in den Salat geben oder aber zu herzhaften und süßen Aufstrichen verarbeiten. So zeigt man dem »Schädling« nachhaltig die Zähne und hat gleichzeitig ein neues Lebensmittel für seinen Speiseplan gewonnen.

Fallopia japonica ist die Pflanze mit der höchsten natürlichen Konzentration von Resveratrol in seiner Wurzel. Dieses Polyphenol hat krebs- und entzündungshemmende Eigenschaften, einen verjüngenden Effekt und schützt vor UV-Strahlen. Die Wurzeln des Knöterichs wurden in Kriegszeiten wie Kartoffeln zubereitet.

44_Jujube

Chinesische Dattel

Die Jujube ist ein bis zu zehn Meter hoher Baum oder Strauch, der ursprünglich aus dem Nordosten Chinas kommt. Heute wird sie in zahlreichen Ländern angebaut. Ihre dreinervigen Blätter wachsen wechselständig, sind eiförmig und bis zu sieben Zentimeter lang und vier Zentimeter breit. An den Nebenblättern bilden sich zwei bis zu drei Zentimeter lange Dornen, die sich im Alter umbiegen.

Interessant ist die Jujube vor allem, weil sie das einzig essbare Kreuzdorngewächs ist. Ihre Früchte werden als chinesische Dattel bezeichnet, ihr weiß-gelbliches Fruchtfleisch ist mehlig, wenig süß und im frischen Zustand nicht besonders schmackhaft. Deshalb wird sie zumeist getrocknet oder kandiert gehandelt und konsumiert. Sie wurde schon im Altertum nach Mitteleuropa eingeführt und gedeiht in Weinbaugebieten wegen des Mikroklimas selbst bei uns. Trotzdem ist sie hierzulande wenig bekannt. Als »Brustbeere« wird sie allerdings schon sehr lange als Heilpflanze bei Erkältungen und Atembeschwerden eingesetzt. Im Mittelmeerraum ist sie sogar eingebürgert und wird besonders in Spanien (Azufaifas) und Italien (Giuggiole) kultiviert und frisch auf Märkten gehandelt. Beliebt sind aber auch Marmeladen und Schnäpse aus den Steinfrüchten.

In ihrem Ursprungsverbreitungsgebiet wird sie als Arzneidroge gerühmt, weil sie die Verdauung stärkt, das Wohlbefinden steigert und bei regelmäßigem Konsum lebensverlängernd wirkt. In Korea und Taiwan wird die Beere als Tee getrunken oder für Suppe verwendet. Die Blätter enthalten den Stoff Ziziphin. Er sorgt dafür, dass wir die Geschmacksrichtung süß schlechter schmecken.

Es gibt noch drei Variationen: ohne Dornen, mit kleineren Blättern oder kleineren, sauren Früchten. Außerdem gibt es die Indische Jujube, deren Früchte auch frisch sehr lecker sind, weshalb sie zu den am häufigsten kultivierten Obstbäumen gehört.

Jujube-Früchte findet man als Trockenware in asiatischen und indischen Supermärkten. Alljährlich findet in der italienischen Gemeinde Arquà Petrarca an den ersten zwei Oktobersonntagen das Festival der Jujube statt. Nähere Infos unter dem Stichwort: Festa delle Giuggiole.

45 Kapuzinerkresse

Die hat mehr als nur Zierwert

Die Große Kapuzinerkresse ist eine beliebte Zierpflanze, die ursprünglich aus Südamerika kommt. Dort gibt es rund 90 Arten dieser Familie. Bei uns wird sie meist einjährig kultiviert, weil sie sehr frostempfindlich ist. Sie bildet niederliegende, fleischige Stängel und kann circa 15 bis 30 Zentimeter hoch werden. Wenn andere aufrechte Gewächse in der Nähe sind oder man Rankhilfen bietet, kann sie bis zu drei Meter hochklettern. Das Besondere sind ihre wunderschönen, schildförmigen Blätter mit dem mittigen Stiel und ihre gelben, roten oder orangenen Blüten, die oftmals dunkle Flecken aufweisen. Die daraus entstehende Frucht zerfällt bei der Reife in drei einsamige Teilfrüchte, die wie Erbsen aussehen.

Schon bei den Inkas war sie als Lebensmittel und Heilpflanze bekannt. Der besondere Vorzug erklärt sich aus ihrer Verwandtschaft zu den Kreuzblütlern, wie Brunnenkresse, Meerrettich, Radieschen und Senf. Genau wie diese Gemüse- und Gewürzpflanzen bildet die Kapuzinerkresse Senfölglykoside, die nicht nur eine wunderbare Schärfe bieten, sondern auch vielseitige Heilwirkungen besitzen: antibakteriell, virostatisch und antimykotisch. Das enthaltene Benzylsenföl wirkt antibiotisch, sodass die Kapuzinerkresse dem Konsumenten einen Breitbandschutz vor allen möglichen Krankheitskeimen gibt.

Da *Tropaeolum majus* überaus dankbar wuchert, kann man im Laufe einer Vegetationsphase regelmäßig Blätter, Blüten und Knospen für Salate und Pestos ernten. Darüber hinaus sind auch die frischen Früchte total lecker und lassen sich in Salzlake, einer Essigmarinade oder Gurkenwasser sehr gut einlegen. Die Arzneipflanze des Jahres 2013 ist nicht nur sehr heilsam bei Erkältungen und Atemwegserkrankungen, sondern auch bei Harnwegsinfektionen und Blasenentzündungen.

Wenn man die Kapuzinerkresse im Kübel kultiviert, kann man sie auch im Keller überwintern lassen.

Die Früchte der Kapuzinerkresse sind eine tolle Ergänzung für unsere »Wild Mixed Pickles« (siehe Nummer 77).

46 Kermesbeere

Über sie wusste Elvis schon ein Lied zu singen

Die Kermesbeere hat sich vor allem in den Südstaaten der USA einen Namen gemacht, und zwar als frei verfügbares Lebensmittel in Notzeiten. Menschen mit einem geringen Einkommen verwendeten die jungen Sprossen des »Polk Salad«, wie die Pflanze in den USA genannt wird, als eine Art Spargelersatz. Zeitweise gab es sogar Konserven der Kermesbeere, sodass sie es als »Polk Salad Annie« in einen Song des King of Rock 'n' Roll, Elvis Presley, schaffte. Heute hat sie als Nahrungsmittel weitestgehend an Bedeutung verloren und wird fast ausschließlich als Zierpflanze eingesetzt.

Abgesehen von Gärten sieht man die Kermesbeere auch auf Brachen, Mülldeponien und Kompostanlagen. Hauptsache, es ist schön warm. In Deutschland findet man zwei verschiedene Arten der Kermesbeere, nämlich die Amerikanische und die Asiatische. Die Amerikanische Kermesbeere erkennt man an ihren roten Stängeln, den hängenden Fruchtständen und den ungekammerten Früchten. Die Früchte der Asiatischen Kermesbeere hingegen stehen und sind achtfach gekammert. Daher sehen sie fast aus wie Brombeeren.

Egal welche Art der Kermesbeere man findet, es empfiehlt sich, die zum Teil dicken Sprossen einmal als Spargel zuzubereiten, denn sie haben ein wirklich tolles Aroma. Aber Achtung: Da sie leicht giftig sind, sollte man sie vorher mit Wasserwechsel kochen. Auch in einer Wildgemüsepfanne machen sich die Sprossen der Kermesbeere gut, zum Beispiel in Kombination mit Goldrutentriebspitzen, Hopfensprossen, Gänseblümchen und Löwenzahnknospen. Die Beeren geben eine intensive Farbe ab, die man wunderbar als Tinte oder zum Färben verwenden kann. Lange Zeit hielt sich das Gerücht, dass auch die amerikanische Verfassung mit einer solchen »Polk Ink« geschrieben worden sei – das stellte sich aber als falsch heraus. Trotzdem lohnt es sich, die Kermesbeere nicht einfach mit Gift zu bekämpfen.

Die Asiatische Kermesbeere findet sich häufig in Weinbaugebieten verwildert, weil man früher mit ihrem Saft Wein gefärbt hat.

47 Klatschmohn

Dieses Getreidebeikraut sticht heraus

Der Rand eines Weizenfeldes ist ein paar Wochen im Jahr übersät von blutroten Flecken: dem Klatschmohn. Wenn man näher kommt, dann sieht man die filigrane Blüte im Wind zittern. Der in Nordafrika und Eurasien heimische Klatschmohn ist ein Kulturbegleiter, der sich mit dem Beginn des Ackerbaus auf der gesamten Nordhalbkugel verbreiten konnte. Wie viele Getreidebeikräuter ist er durch Herbizideinsatz stellenweise selten geworden und zumeist auf Ackerrändern, Feldwegen und unbefestigten Straßenböschungen zu finden. Das ein-, manchmal auch zweijährige Gewächs bildet zunächst eine Halbrosette mit länglichen, tief gefiederten Grundblättern mit gezähntem Rand. Der Stängel ist abstehend borstig behaart. Aus der hängenden Knospe bilden sich die scharlachroten Einzelblüten mit überlappenden Blättern, die an der Basis schwarz gefleckt sind. Die daraus entstehende Streukapsel ist doppelt so lang wie breit.

Die roten Blumen blühen nur ein bis drei Tage. Nach der Bestäubung kann man die Blütenblätter ganz leicht vom Stempel lösen, damit man nicht die ganze Blüte pflücken muss und so die Verbreitung des Klatschmohns verhindert. Aus ihnen lässt sich ein leckeres Gelee kochen. Auf 100 Gramm Blüten kommen 500 Gramm 3:1 Gelierzucker und ein Liter Wasser. Die Blüten sind aber auch eine tolle Ergänzung in Essig. Weißen Balsamico kann man beispielsweise wunderbar mit den Blüten aufkochen, abseihen und dann heiß abfüllen. Die Blüten verleihen dem Essig ein wunderbares Aroma und die tolle rote Farbe.

Früher hat man aus den Blüten auch Sirup gekocht und Kindern zur Beruhigung verabreicht, die wegen Husten nachts nicht schlafen konnten. Aber da es keinen wissenschaftlichen Beleg für eine Wirksamkeit gibt, hat man diese Anwendung aufgegeben. Tatsächlich sind jedoch das in Klatschmohn in Spuren enthaltene Morphin und Codein Grundlage für Beruhigungsmittel und Hustenstiller.

Macht Blaumohn dumm? Eine häufige Frage, die hinsichtlich der betäubenden Wirkung von Mohn durchaus ihre Berechtigung hat. Aber keine Sorge: Die schwindend geringen Morphinwerte in den Speisemohnsorten würden erst wirksam werden, wenn wir sechs Kilo davon äßen.

48 Kleine Braunelle

Unscheinbar, aber oho

Die Kleine Braunelle wird im Volksmund auch oft als Brunelle bezeichnet, um den Unterschied zur Vogelgattung Braunelle deutlich zu machen. Manchmal wird sie auch als Bruni, Brunwort oder St. Antonikraut bezeichnet. Gemeint ist aber immer die gleiche Pflanze: Die Kleine Braunelle ist ein weitverbreitetes Rasenbeikraut, das man vor seiner Blüte ab Juni bis September kaum wahrnimmt. Denn die fünf bis 30 Zentimeter hohe Pflanze ist ohne ihre schönen Ähren völlig unscheinbar und auf regelmäßig gemähten Wiesen immer ungefähr so hoch wie das Gras, weshalb man sie schnell übersieht – bis sie ihre walzenförmigen Blütenstände und blauvioletten Lippenblüten trägt.

Die Brunelle ist vor allem als Heilpflanze bekannt. Schon Hildegard von Bingen wusste um ihre positive Wirkung, und auch in der asiatischen Medizin spielt die Kleine Braunelle eine Rolle. Als Allheilmittel gepriesen, wurde sie früher zur Behandlung von Diphterie eingesetzt, das blühende Kraut wirkt antibiotisch gegen alle entzündlichen Erkrankungen von Hals und Rachen, bei Magen-Darm-Beschwerden und als Salbe bei Herpes. Der Inhaltsstoff Prunellin soll sogar in der Therapie von Aids wirksam sein. Als Tee bei Halsweh und Erklärung oder als herb-aromatische Salatzutat sind die Blüten auf jeden Fall gesund. Die Ähren kann man in würzigem Backteig ausbacken, so werden sie zu einer echten Leckerei.

Neben der Kleinen gibt es auch die Große Braunelle. Ihre Blüten sind viel üppiger. Man unterscheidet die Arten am besten daran, dass die Kleine Braunelle unmittelbar unter der Ähre ihr höchststehendes Laubblattpaar hat. Bei der Großen Braunelle ist das nicht der Fall. Weltweit gibt es circa 15 Brunelle-Arten. In Deutschland findet man außer den beiden genannten noch die Weiße Braunelle sowie verschiedene Ziervarianten, die verwildern und Hybride bilden, was eine eindeutige Zuordnung erschwert.

Der Name Braunelle hat seinen Ursprung darin, dass die Pflanze bei der »Bräune«, einer Mandelentzündung, eingesetzt wurde. Im Kaschmir nennt man die Brunelle Kalyuth und nutzt sie gegen Muskelkater.

49 Klettenlabkraut

Hier helfen nur Messer und Gabel

Die Gattung der Labkräuter verdankt ihren Namen dem Echten Labkraut, welches das Enzym Chymosin enthält und zur Gerinnung von Milch eingesetzt wurde. Ein Beispiel dafür ist der englische Chesterkäse, dessen Farbe nicht zuletzt von den gelben Blüten des Krauts herrührt. Diese traditionelle Art der Käseherstellung ist vor allem für Vegetarier interessant, da heute in konventionellen Käsemanufakturen das Lab-Enzym aus Kälbermägen verwendet wird.

Die einjährigen, krautigen Pflanzen bilden einen vierkantigen Stängel und lanzettliche Blätter, die in Quirlen stehen. *Galium aparine* kann dabei entweder niederliegend oder, wie es überwiegend der Fall ist, klimmend aufsteigend wachsen, wobei es sich mit den rückwärts gerichteten Stachelborsten an jeder anderen hochwachsenden Pflanze anheftet und so Stauden, Bäume, Büsche, Gräser und Zäune nutzt, um eine Länge von anderthalb bis drei Metern zu erreichen. Aus den unscheinbaren weißen Blüten bilden sich die runden Spaltfrüchte, die mit borstigen Haken besetzt an jedem Fell und Kleidungsstück haften und so ihre Verbreitung sichern.

Das Klettenlabkraut ist fast weltweit ein Neophyt, kommt sowohl in Laubwäldern wie auch auf Äckern vor, wo es ein schlimmer Schädling ist, weil es zum Beispiel die Wintergetreide-Erträge um bis zu 60 Prozent verringern kann. Zudem ist es gegen viele Herbizide resistent und damit schwer zu kontrollieren. Deshalb ist die Bekämpfung mit Messer und Gabel eine echte Alternative.

Seit der Antike als Wildgemüse bekannt und als Volksheilmittel gegen Ohrenschmerzen, Hautkrankheiten, als Entzündungshemmer und bei Schlaflosigkeit verwendet, kann man die Triebspitzen zu Pesto, Suppen und Smoothies verarbeiten oder getrocknet als Tee genießen, der sogar als Antikrebsmittel gerühmt wird. Die Früchte des Klettenlabkrauts können geröstet als Kaffeeersatz aufgebrüht werden.

Die Labkräuter gehören zur Familie der Rötegewächse, wie auch die Kaffeepflanzen. Tatsächlich kann man auch aus den gerösteten Früchten des Klettenlabkrauts einen Ersatzkaffee brühen.

50 Knoblauchsrauke

Aromatisches Gewürz vom Wegrand

Die Knoblauchsrauke findet man vor allem im Frühjahr sehr viel in Wäldern. Die meisten Menschen laufen bei ihren Waldspaziergängen einfach an ihr vorbei, dabei würde es sich sehr lohnen, nach der *Alliaria petiolata* Ausschau zu halten. Diese heimische Wildpflanze ist nämlich ein unglaublich gesundes Lebensmittel. Die Knoblauchsrauke kombiniert in ihren Inhaltsstoffen die heilsamen Substanzen der Kreuzblütler und der Zwiebelfamilie – Letztere schmeckt man direkt beim ersten Verkosten der Pflanze, denn die wird ihrem Namen vollumfänglich gerecht und hat ein Knoblaucharoma, das im Abgang an Kohl erinnert.

Am besten macht sich die Knoblauchsrauke erntefrisch als Zutat in Salaten. Hier kommt ihr besonderes Aroma gut zur Geltung, wird aber durch das andere Grün etwas gemildert. Die Knoblauchsrauke ist voll von gesunden Phytostoffen: Senfölglycoside und Allicin bescheren ihr eine heilende oder auch prophylaktische Wirkung gegen Rheuma, Gicht, Asthma und viele andere Leiden. Neben den Blättern der Pflanze sind auch die weißen Kreuzblüten essbar. Ihre Samen kann man außerdem als Gewürz nutzen. Sie schmecken nach einer Mischung aus Knoblauch und Senf, mit einem leicht pfeffrigen Touch. Auch die rechtwinklig wachsende Wurzel der Knoblauchsrauke ist essbar, ähnlich wie bei ihrem Verwandten, dem Wasabi. An ihr erkennt man sie gut. Da die Knoblauchsrauke meistens in Kolonien wächst, hat man schnell 100 Gramm ihrer Wurzeln geerntet. Aus der getrockneten und gemahlenen Wurzel kann man eine Paste bereiten, indem man sie mit pürierten Blättern vermengt und mit Honig, Salz und Pfeffer abschmeckt. Das Ergebnis ist zwar nicht so scharf wie das japanische Vorbild, aber sehr lecker.

In den USA wird die Pflanze als invasiver Neophyt mit Gift bekämpft. Das ist schade, denn von der Knoblauchsrauke kann man quasi alles verwenden und so aktiven Naturschutz mit Messer und Gabel betreiben.

Eine Handvoll junge Blätter mit zwei Eiern püriert ergibt ein überaus leckeres Omelett. Mit karamellisierten Apfelstückchen, roten Zwiebeln und einer Scheibe Cheddarkäse gefüllt, wird daraus eine Delikatesse.

51 Kodohirse

Mehr als nur ein Notnagel

Diese einjährige Getreidepflanze ist im Hochland von Dekkan in Indien ein wichtiges Grundnahrungsmittel. In vielen anderen Ländern aber wird sie nur als Zwischen- oder Nebenfrucht kultiviert oder wächst als Unkraut in Reisfeldern. Sie gilt oft als Viehfutter, das man notfalls auch essen kann, sollte die Haupternte ausfallen. Das Rispengras wird ungefähr 1,20 Meter hoch, seine Ähren wachsen einseitswendig, das heißt, sie weisen alle in dieselbe Richtung. Das ausdauernde Gras kommt ursprünglich aus Westafrika. Auch hier wird es in Wildsammlung nur als Notnahrungsmittel genutzt oder als Ackerunkraut toleriert und mitgeerntet.

Warum aber ist das Getreide so unbeliebt? Dafür gibt es mehrere Gründe. Kodohirse, die wie Reis gekocht oder als Brot verbacken wird, muss nach der Ernte sechs Monate gelagert werden, denn sie enthält ein psychotropes Gift, das sie abbauen muss, bevor man sie verarbeiten kann. Beim starken Düngen hat man außerdem festgestellt, dass die Kodohirse zum »Lagern« neigt. Das heißt, dass ihre Halme brechen, wenn die Ähren zu schwer werden. Das führt zu Ernteverlusten und macht sie wenig profitabel für den Anbau.

In Indien ist die Kodohirse trotzdem kultiviert worden – und zwar schon vor 3.000 Jahren. Wächst sie nämlich auf wenig gedüngten Flächen, bleiben die Halme stabil, und es bildet sich weniger Unkraut. Tatsächlich wird Kodohirse zum Beispiel speziell auf Hawaii an mageren Berghängen angebaut, wo andere Gräser gar nicht mehr gedeihen, und kann dabei sogar zur Bodenbefestigung beitragen. Das Getreide hat also durchaus seine guten Seiten. Auch in Vorderindien, China und Japan wird es wegen seiner Trockenresistenz auf schlechten Böden angebaut. Eine Eigenschaft, die besonders vor dem Hintergrund des Klimawandels für die Landwirtschaft interessant ist. Im Süden der USA, wo die Kodohirse eingebürgert ist, gilt sie trotzdem als invasives Unkraut.

Kodohirse, die den wissenschaftlichen Namen *Paspalum scorbiculatum* trägt, kann man bei der Firma Manna aus Indien oder bei der Firma Spiceland aus Frankfurt beziehen.

52 Kolbenhirse

Nicht nur für Vögel gut

Die Kolbenhirse kennen die meisten Deutschen allenfalls als Vogelfutter. Als solches wird die Pflanze bei uns auch hauptsächlich kultiviert. In anderen Teilen der Welt zählte und zählt sie bis heute zu den bedeutendsten Grundnahrungsmitteln, zum Beispiel in Nordchina, Mittelasien, Afghanistan und Indien. Unter sehr günstigen Bedingungen liegt der Ertrag pro Hektar bei fünf Tonnen, in der Realität ist es aber meist nur eine Tonne.

Hirse zeichnet sich durch einen hohen Anteil an wertvollen Mineralstoffen und Aminosäuren bei niedrigem Kaloriengehalt aus. Vor allem Eisen, Magnesium und Zink sind Nährstoffe, die in Hirse enthalten sind. Deshalb eignet sie sich besonders gut für eine vegetarische oder vegane Ernährung. Die Kolbenhirse ist nur in Kultur bekannt, weil sie aufgrund der Domestikation ihre Samen nicht mehr verstreut und somit nicht verwildert. Sie wurde ursprünglich aus der Grünen Borstenhirse gezüchtet, vermutlich in Afghanistan. Die Grüne Borstenhirse wächst wild auf nährstoffreichen Lehm- und Sandböden. Zu finden ist sie vor allem auf Müllkippen, Bahnarealen und Häfen.

Die einjährige Pflanze erreicht Wuchshöhen von bis zu 150 Zentimetern. Der Halm ist bis zum Blütenstand beblättert. Die Ähre wird bis zu 25 Zentimeter lang und kann, je nach Sorte, gelbe, rote oder schwarze Körner bilden. Einige Sorten enthalten sogar genug Klebereiweiß, um damit backen zu können. Sicherlich wird die Kolbenhirse hierzulande kaum ein Grundnahrungsmittel werden, dazu sind ihre Erträge zu gering. Aber sie ist für Personen mit Allergien eine interessante Alternative. Denn wer Gluten nicht gut verträgt, der könnte auf Hirse zurückgreifen. Die Grüne Borstenhirse ist in Mitteleuropa als Ackerunkraut verbreitet, ihre Verwandte, die Kolbenhirse, wird hingegen als Futterpflanze angebaut. Insofern gebe es hier einige Anknüpfungspunkte beziehungsweise Erfahrungswerte im Anbau.

Kolbenhirse kann man auch im Garten anbauen. Die Sorte »Herbstfeuer« wird im Netz als Zierpflanze oder Vogelfutter angeboten. Als Zeigerpflanze, um einen Bezug zur Lebensmittelerzeugung zu bekommen, ist es sehr lehrreich, eine Kolbenhirse beispielsweise im Schulgarten wachsen zu lassen.

53 Kombu

Natürlicher Geschmacksverstärker

Kombu oder auch Fingertang (*Laminaria digitata)* ist eine Braunalge, die vor allem in den kalt-gemäßigten Küsten des Atlantiks in Europa und Nordamerika zu finden ist und ganze Tangwälder ausbildet. Sie wird bis zu zwei Meter lang und gliedert ihren Thallus in einen glatten Stiel (Cauloid) und ein fingerartiges Blatt (Pyhlloid). Die Alge haftet dabei auf felsigem Untergrund in anderthalb Meter Tiefe unterhalb der Niedrigwasserlinie, sodass man bei Ebbe regelrecht »Tangwiesen« des Kombu entdecken kann.

Kombu ist unfassbar vielseitig: Ob in der Landwirtschaft, der Industrie oder als Lebensmittel – für jeden dieser Bereiche lässt sich die Alge nutzbar machen. Früher wurden die angespülten Tang-Haufen als Dünger verwendet, außerdem kann die Algenasche zur Gewinnung von Jod und zur Herstellung von Seifen und Glas eingesetzt werden. Heute noch wird in der Bretagne aus dem Fingertang Alginat gewonnen, ein Gel, das für die Verwendung in der Lebensmittel-, Pharma- und Kosmetikindustrie vorgesehen ist, zum Beispiel als Verdickungs- und Geliermittel. Mehr als je zuvor wird Kombu auch als Lebens- und Nahrungsergänzungsmittel vermarktet. Oarweed, wie die Pflanze auf Englisch heißt, besiedelt ebenso die britischen Küsten und wird nun vielerorts auch an Seilen kultiviert. Zudem wird es für seine Rolle in der Meeresökologie hochgeschätzt. In Japan verwendet man eine verwandte Art für die Zubereitung von Dashibrühe. Da Kombu besonders reich an Gultaminsäure ist, wird sie als Geschmacksverstärker und Zartmacher überall dort eingesetzt, wo man den Eigengeschmack einer Speise intensivieren, die Garzeit verkürzen oder die Speise leichter verdaulich machen möchte.

Auch in der Medizin spielen Laminaria-Arten eine große Rolle, denn sie wirken unterstützend gegen hohen Blutdruck und Cholesterinspiegel, lindern Schilddrüsenerkrankungen und Arteriosklerose.

Beim Strandurlaub ist es auf jeden Fall ein Erlebnis, die Fingertang-Bestände zu entdecken und vielleicht sogar in der örtlichen Gastronomie verkosten zu können. Daher empfiehlt es sich, über ihr Aussehen, Vorkommen und die lokale Nutzung zu recherchieren.

54 Kubebenpfeffer

Für besondere Pfefferkuchen

Der in Deutschland besonders beliebte Schwarze Pfeffer und sein Monopol haben dafür gesorgt, dass der Kubebenpfeffer zunehmend von der Bildfläche verschwunden ist, obwohl er im Mittelalter ein sehr beliebtes Gewürz war. Im arabischen Raum erfreut er sich noch immer großer Popularität. Er stammt ursprünglich aus Indonesien, wird heute aber auch auf Java, in Indien, Sri Lanka und in einigen ostafrikanischen Ländern angebaut. Geerntet wird er, wenn die Steinfrüchte noch grün sind. Durch Lagerung in der Sonne bekommen sie ihre dunkelbraune Farbe.

Richtig populär wurde der Kubebenpfeffer seinerzeit aber nicht wegen seines Aromas, sondern weil er als Aphrodisiakum und Heilkraut galt. In der Volksheilkunde wird er als hochwirksames Tonikum für den Magen-Darm-Trakt und das Herz-Kreislauf-System gepriesen, das auch antiseptisch und schleimlösend sei. Man empfiehlt auch das mehrmalige tägliche Kauen der Pfefferkörner wegen ihrer anregenden Wirkung aufs Denkvermögen und zur Steigerung des Wohlbefindens.

Kein Wunder also, dass er in Deutschland 2016 zur Heilpflanze des Jahres gekürt wurde. Die positiven Eigenschaften des Pfeffers hängen mit seinen Inhaltsstoffen zusammen: Er besteht zu zehn Prozent aus ätherischen Ölen, weshalb man im Zusammenhang mit dem Kubebenpfeffer auch vom »Mundwasser-Effekt« spricht. Wenn man nämlich ein paar Beeren des *Piper cubeba* zerkaut, dann entwickelt sich ein Kampfer-Eukalyptus-Aroma, das den Atem erfrischt.

Nicht zu verwechseln ist der Kubebenpfeffer mit dem falschen Kubebenpfeffer: Letzterer hat im Gegensatz zum Original einen kurzen, bogigen Fruchtstiel, der des richtigen Pfeffers ist gestreckt und lang. Man kann ihn ganz oder zerstoßen garen, dann erinnert er an Piment. Übrigens wurde der Kubebenpfeffer eine Zeit lang auch als Zusatz in Pfefferkuchenteig verwendet – es lohnt sich also, ein paar Beeren daheim zu haben.

Kubebenpfeffer soll unzerkaut geschluckt auch gegen Kopfschmerzen helfen.

55 Kudzu

Mit Messer und Gabel statt Gift

Die Kopoubohne ist ein Gewächs, das einerseits als Lebensmittel und Heilpflanze gepriesen, unter dem Namen Kudzu aber auch als invasiver Neophyt bekämpft wird. Damit geht es der Pflanze wie vielen anderen in diesem Buch porträtierten – und auch in ihrem Fall kann die Lösung der Naturschutz mit Messer und Gabel sein. Kudzu ist eine Kletterpflanze, die gerne ganze Bäume zuwuchert. In den USA stehen ihre gewaltigen, essbaren Wurzeln in gigantischen Mengen zur Verfügung. In ihrem ursprünglichen Verbreitungsgebiet in China und Japan wird sie zur Stärke- und Fasergewinnung sowie als Heilmittel bei Muskelverspannungen und bestimmten Vergiftungen genutzt. Aus den Blättern wird außerdem ein Tee zubereitet. Die großen Blätter und die sehr angenehm riechenden Blüten machen den Kudzu-Wein zu einer attraktiven Gartenpflanze.

Hierzulande ist sie bisher nicht eingebürgert, sie wird in Deutschland nur ab und an als Zierpflanze angeboten. Allerdings gibt es die ersten Wildwüchse schon in der Schweiz oder Italien. Bei uns wird sie sich wohl nicht so rasant verbreiten wie in wärmeren Ländern, weil die Wintertemperaturen ihre oberirdischen Teile absterben lassen. Allerdings überleben ihre Wurzeln tief im Boden jeden Frost und treiben im Frühjahr neu aus. Einmal angesiedelt, bekommt man sie kaum wieder los. Daher sollte man vorsichtig sein, denn der Süden der USA wird von Kudzu überwuchert. Neugierigen Gärtnern empfiehlt sich die Kultur in Kübeln und die Sicherung ihrer Früchte vor jeglicher Verschleppung, um ihre unplanmäßige Verbreitung zu verhindern.

Als weitsichtige Maßnahme sollten wir Kudzu schon heute auf unseren Speiseplan setzen: Die Blüten lassen sich zu sehr leckerem Gelee bereiten, und aus seinen faserigen Trieben kann man Körbe flechten. Selbst als Heilpflanze ist das Gewächs viel gerühmt bei Migräne und Tinnitus. Die Wurzel soll außerdem gegen Alkoholismus wirksam sein.

Pueraria lobata ist der wissenschaftliche Name von Kudzu. Die Klimaerwärmung wird die Verbreitung dieser Pflanze massiv beschleunigen. Der Status dieser invasiven Art zeigt, dass gegen die Natur zu kämpfen aussichtslos ist, mit ihr arbeiten dagegen sehr vielversprechend. Zeit also, den Kudzu als Lebensmittel zu vermarkten.

56 Langer Pfeffer

Der ayurvedische Pfeffer

Der Lange Pfeffer wächst wild in ganz Indien, vom Fuß des Himalaya bis in den Süden des Landes, und auch in Nepal. Die Kletterpflanze bildet ganzrandige Blätter, die bis zu neun Zentimeter lang und sieben Zentimeter breit werden können, und entwickelt sowohl männliche als auch weibliche Ähren. An den weiblichen entstehen die winzigen Beeren, die mit ihren Fruchtstielen und der Spindel zu einer einzigen stangenartigen Struktur verwachsen sind. Sie ähneln dem Fruchtstand des Breitwegerichs und werden auch oft mit Hasel- oder Birkenkätzchen verglichen.

Viel früher als die Echten Pfefferkörner kannte und nutzte man in Europa den Langen Pfeffer. Es heißt, Alexander der Große habe ihn aus Indien importiert. Auch die Römer und Griechen haben den Langen Pfeffer als Heilmittel und Gewürz genutzt, besonders als Aphrodisiakum war er sehr begehrt und galt als wertvollster Pfeffer. Erst im 17. Jahrhundert wurden die auch als Stangenpfeffer bekannten und vielfach verwendeten Ähren vom Echten Pfeffer verdrängt und gerieten so lange Zeit in Vergessenheit. Im Moment trägt vor allem die gehobene Gastronomie dazu bei, dass der Lange Pfeffer wieder mehr Bekanntheit erlangt. Man kann ihn als exotisches Gewürz hauptsächlich in Feinkostläden, Asiamärkten und im Onlinehandel kaufen.

Mit einem Gehalt von sechs Prozent Piperin enthält er mehr als Schwarzer Pfeffer, aber deutlich weniger ätherische Öle. Sein Geschmack hat eine warme Schärfe mit süßem, erdigem Aroma. Das macht ihn zu einem echten Allrounder, der zu quasi jedem Gericht passt. Der Bengalpfeffer, wie er auch heißt, kommt vor allem in der indischen und ayurvedischen Küche zum Einsatz. Er ist Bestandteil jedes ayurvedischen Heilmittelsortiments, weil er als Pfeffer für die Darmschleimhaut gilt und die Nährstoffaufnahme steigern soll. Als Heilmittel eignet sich der Lange Pfeffer beispielsweise bei Husten.

Neben *Piper longum* gibt es noch drei andere Pfeffersorten, deren Fruchtstände, als Ganzes verwachsen, gehandelt und auch als Langer Pfeffer bezeichnet werden: Assam Pfeffer, eine indische Unterart, deren Fruchtstände wie Brombeeren aussehen, und auch Timiz Pfeffer, *Piper capense* aus Afrika, und *Piper retrofractum*, der Java Langpfeffer, werden unter dem gleichen Namen vertrieben.

57 Lotuswurzel

Die Nationalpflanze Indiens und Vietnams

Die Lotuswurzel kennen die meisten von uns wahrscheinlich nur von Besuchen in unterschiedlichen asiatischen Restaurants, denn in unserer Küche findet sie in der Regel keine Verwendung. Die Nationalpflanze Indiens und Vietnams wird sowohl von Hindus als auch Buddhisten verehrt und im gesamten tropischen und subtropischen Gebiet angebaut. Man könnte sie aber auch in unseren Breiten kultivieren. Das wird bereits vereinzelt gemacht, allerdings nur als Zierpflanze. Als solche hat sich der Lotus auch bei uns einen Namen gemacht, denn die in der Regel rosafarbenen Blüten sind ein beliebtes Gewächs für Teiche.

In ihrem ursprünglichen Verbreitungsgebiet in Südostasien ist aber besonders die Wurzel des Lotus als Lebensmittel beliebt. Die bis zu 120 Zentimeter langen Wurzelknollen werden als Gemüse verwendet oder aber zu Mehl verarbeitet. So haben sie eine regulierende Wirkung auf den Cholesterin- und Blutzuckerspiegel, stärken das Immunsystem und sind auch bei Durchfall eine Hilfe. In Asien wird die ganze Pflanze vielfältig genutzt: Aus den Blütenblättern wird ein Blattgemüse, und die Samen sind gesalzen ein beliebter Snack, der eine entzündungshemmende Wirkung hat.

Abgesehen davon machen die in Scheiben geschnittenen Knollen auch optisch auf dem Teller etwas her: Durch ihre charakteristischen Löcher, die übrigens der Belüftung der Knolle dienen, sehen sie ein wenig wie Mandalas aus. Besonders bekannt ist der Lotus bei uns aber als Pate der nanotechnischen Bionik, denn seine selbstreinigende, wasserabweisende Oberflächenstruktur gilt als einzigartig. Was den Lotus vor Pilzen und anderen Schädlichen schützt, soll auch für alle möglichen anderen Anwendungsbereiche nutzbar gemacht werden, wie zum Beispiel Kleidung oder Farben. In Zukunft könnten und sollten wir aber gerade das landwirtschaftliche Potenzial des Lotus weiter erforschen.

Auch die Samen dieser Seerose sind eine wunderbare Zutat für das »Wild Mixed Pickles« (siehe Nummer 77), die Lotuskerne kochen wir aber erst in Salzwasser weich.

58 Löwenzahn

Kaffee-Ersatz aus dem eigenen Garten

Um die Osterzeit gleichen die meisten Wiesen in Deutschland einem gelben Meer aus Löwenzahnblüten. Die Pflanze, die gerade bei Kindern nach dem Verblühen als »Pusteblume« beliebt ist, findet man an jeder Ecke. Dass der Löwenzahn ein ungenutztes Lebensmittel darstellt, das ist den wenigsten bewusst, wenn sie ihn als Un- oder Beikraut mit Hilfe von Herbiziden aus ihrem Garten verbannen. Von der Wurzel über die Stängel bis hin zur gelben Blüte: Man kann jeden Teil der Pflanze in seinen Ernährungsplan einbinden. Deshalb und weil er quasi deutschlandweit lokal verfügbar ist, gehört die Pflanze auf den Speiseplan der Zukunft, denn nachhaltiger geht es kaum.

Damit man an die Wurzel der Pflanze rankommt, empfiehlt es sich, in einen Wurzelstecher zu investieren. Dann fällt die Ernte besonders leicht. Am besten klappt das übrigens, wenn man nach einem Regentag loszieht, weil dann die Erde besonders weich ist. Als Faustregel gilt: Hat die Pflanze besonders viel Laub, ist die Wurzel schön groß, und die Ernte lohnt sich. Man greift alle Blätter direkt am Boden, als wolle man einen Pferdeschwanz machen. Nun kommt der Wurzelstecher zum Einsatz: Gestochen wird kreisförmig, in einem Abstand von zwei Zentimetern um die Wurzel herum und mit waagerechten Hubbewegungen des Wurzelstechers. Anschließend kann man die Wurzel relativ leicht am Blätterstrunk herausziehen.

Aus der Wurzel des Löwenzahns wird ein heimischer Kaffee-Ersatz, man kann sie aber auch zu Marmelade oder Eis verarbeiten. Die jungen Blätter des Löwenzahns lassen sich verwenden wie Spinat. Die Blüten geben einen leckeren pflanzlichen Honig und eignen sich, um beispielsweise einen Käsekuchen aufzupeppen, indem man die Blüten mit dem Quark püriert. Die Stängel werden, eingelegt in Salzwasser und dann getrocknet, zu einer Art Nudel.

Rezept Pusteblumen-Krokant-Hippe: Eine Metallschüssel voller Pusteblumen mit dem Bunsenbrenner abflammen. Die dann gerösteten Samen in kleinen Kreisen auf Backpapier verteilen und mit karamellisiertem, flüssigem Zucker bedecken. Dann mit einem zweiten Bogen Backpapier bedecken und mit dem heißen Bügeleisen plätten.

59 Lungenkraut

Ein leckerer Blickfang im Wald

Dieses ausdauernde, wintergrüne Gewächs ist als Zierpflanze sehr beliebt und in vielen Zuchtsorten im Angebot. Das Lungenkraut hat wunderschöne gelblich-grüne, ovale Blätter mit weißen Flecken. Diese erinnern an eine kranke Lunge, weshalb ihnen gemäß der altertümlichen Signaturenlehre eine Wirksamkeit bei Lungenerkrankungen nachgesagt wird. In der Schulmedizin spielt das Lungenkraut zwar keine Rolle, dafür ist seine Bedeutung in der Naturheilkunde umso größer. Es wird unter anderem bei Heiserkeit, Husten und Halsentzündungen sowie gegen Darm- und Blasenleiden eingesetzt.

Aus seiner ausdauernden Wurzel bildet das Lungenkraut bis zu 20 Zentimeter hohe, borstig behaarte Stängel mit sitzenden, ovalen Stängelblättern und gipfelständigen Blütenbüscheln. Die Blumen sind zunächst rot (sauer) und verblühen schließlich aufgrund einer Änderung des pH-Werts blau (basisch). Sie ähneln denen der Schlüsselblume. Die charakteristischen herz-eiförmigen Grundblätter, die langgestielt sind und deutlich größer werden, treiben erst nach der Blüte aus.

Das Raublattgewächs, das mit dem Borretsch verwandt ist, wächst wild ab dem Vorfrühling in halbschattigen Lagen in krautreichen Laub- und Mischwäldern und besonders üppig auf kalkhaltigem Boden. In fast ganz Europa verbreitet und als Bodendecker im Garten beliebt, ist eine Nutzung als Lebensmittel aus Kultur- und Wildsammlung leicht umzusetzen. Die jungen Blätter, die nach Gurke schmecken, kann man im Salat essen, die älteren noch als Blattgemüse wie Spinat zubereiten. Auch die Blüten kann man aus ihrem borstigen Kelch ziehen und den Salat damit garnieren. Der Gehalt an Kieselsäure, Schleim, Saponinen, Gerbstoffen und zahlreichen Mineralien, ihre entzündungshemmende Wirkung und nicht zuletzt die enthaltenen Anthocyane (Farbstoffe) sind Grund genug, *Pulmonaria* als saisonales Wildgemüse auszuprobieren.

Pulmonaria trägt den Artennamen *officinalis*, weil das Lungenkraut eine im Arzneibuch verzeichnete Heilpflanze ist.

60 Mahonie

Oregon Grape – die Traube aus Nordamerika

Die Gemeine Mahonie kennt eigentlich jeder, denn sie gehört hierzulande zu den beliebtesten Zierpflanzen, da ihre ledrigen, immergrünen Blätter das ganze Jahr lang für etwas Grün sorgen, was besonders in Siedlungen sehr gefragt ist. Da sich bei uns hartnäckig das Gerücht hält, ihre Früchte seien giftig, werden ihre Beeren bisher vor allem von Vögeln als Nahrung genutzt. Das ist schade, denn zum einen breitet sich die Pflanze so noch schneller aus, und andererseits geht uns dadurch ein köstliches Lebensmittel verloren. Was stimmt: Die Samen sollte man bei der Verarbeitung der Beeren aussparen oder kochen, denn diese sind tatsächlich giftig. Den Saft kann man aber wunderbar in der Küche verwenden.

Wie das geht, machen die Amerikaner vor: Die Gemeine Mahonie stammt nämlich ursprünglich aus den USA, wo sie als beliebtes Einmachobst gilt. Da die Pflanze vor allem in Stadtnähe wächst, ist es ein Leichtes, große Mengen der Beeren zu ernten. Man erkennt sie an ihrem stechdornblättrigen Laub, das wechselständig, unpaarig gefiedert und nadelig gezähmt ist. Die Gemeine Mahonie blüht im Frühjahr zunächst gelb, dann verwandeln sich die Blüten in blau bereifte Beeren, die ungefähr erbsengroß sind.

Genau die braucht man, um Leckereien wie Mahoniebeeren-Gelee zu kochen: Dafür nimmt man ein Kilogramm der Beeren, anderthalb Liter Apfelsaft, 850 Gramm Gelierzucker und einen Teelöffel Agar Agar. Die Beeren werden für das Rezept zunächst entsaftet, da der Großteil des Saftes aber im Trester steckt, wird dieser mit Apfelsaft aufgekocht und anschließend durch ein Sieb zum Direktsaft gegeben. Die Flüssigkeit wird nun gemeinsam aufgekocht, Gelierzucker und Agar Agar hinzugegeben und die Mischung dann in sterile Gläser gefüllt. So hat man im Handumdrehen etwas für den Schutz der heimischen Flora getan und gleichzeitig ein wirklich leckeres Gelee.

Die Gemeine Mahonie wird traditionell bei den Ureinwohnern Nordamerikas als Heilpflanze eingesetzt. Die gelbe Wurzel ist wirksam gegen Verdauungsbeschwerden und wird bei Schuppenflechte als Salbe verabreicht.

61 Maisbeulenbrand

Wertvoller Schädling

Ein Maisfeld in Egelsbach bei Mörfelden. Dem Landwirt, der die Felder bewirtschaftet, bereitet etwas Sorgen: Ihm ist eine schwarzgraue Wucherung an seinen Kolben aufgefallen, der Maisbeulenbrand. Das ist ein Pilzschädling, der einen hundertprozentigen Ernteausfall zur Folge hat. Mehr als 9.000 Kilometer entfernt, in Mexiko, ist genau die gleiche Situation ein Grund zur Freude. Warum? Weil der Maisbeulenbrand dort als Delikatesse gilt und viel wertvoller ist als die Ernte, die der Mais einbringen würde.

Huitlacoche, wie man ihn dort nennt, ist ein wahrer Leckerbissen. Er schmeckt nach einer Mischung aus Champignons und Mais, weshalb die Mexikaner ihn gerne nutzen, um beispielsweise ihre Empanadas, ein Teigtaschen-Gericht, zu füllen. Der Maisbeulenbrand ist in Mexiko so beliebt, dass man ihn sogar als Konserve kaufen kann.

Während der Pilz in Deutschland einen Totalschaden für hiesige Landwirte bedeutet, ist Huitlacoche in der Schweiz bereits zum Lebensmittel avanciert. Er darf dort vermarktet werden und sorgt auf diese Weise dafür, dass die Ressourcen, die für die Bepflanzung der Maisfelder aufgewendet wurden, nicht einfach ins Leere geflossen sind. Außerdem bietet er den Landwirten eine Möglichkeit, von den Ernteausfällen im besten Fall sogar zu profitieren, wenn sich der Maisbeulenbrand als Gemüse etabliert – eine Win-win-Situation also. Auch für unseren Speiseplan. Denn der Maisbeulenbrand, der oft mit Trüffel vergleichen wird, wurde bereits von den Azteken als Aphrodisiakum gepriesen und enthält erwiesenermaßen mehr Eiweiß als Mais. Wer neugierig geworden ist und bei einem Spaziergang an einem Maisfeld solche Wucherungen entdeckt, der sollte darauf achten, nur diejenigen zu ernten, die noch geschlossen sind. Die aufgeplatzten sind überreif und nicht mehr genießbar. Besonders gut schmeckt der Maisbeulenbrand in der Pfanne angebraten und mit zwei Eiern verquirlt.

Maisbeulenbrand, *Ustilago maydis*, wird als Globuli bei Frauenbeschwerden eingesetzt, könnte aber auch Allergien auslösen. Die Sporen, die aus der reifen Pilzgalle austreten, sollen einen ähnlichen Effekt haben wie Mutterkorn und wurden von der afroamerikanischen Bevölkerung zur Abtreibung genutzt.

62 Märzveilchen

Ein (Augen-)Schmaus zum Jahresbeginn

Das »wohlriechende Veilchen« ist eine ausdauernde, niedrig-wüchsige Pflanze und hat einen kurzen, dicken Wurzelstock sowie zahlreiche lange Ausläufer, aus denen im folgenden Frühjahr erst eine Blattrosette und bald danach die Blütenstiele treiben. Man erkennt sie vor allem an ihrer charakteristischen Blüte: Die ist stark duftend, meist satt blauviolett und steht einzeln an dem grundständigen, um die fünf Zentimeter langen Blütenschaft. Das unterste Kronblatt ist in einen langen Sporn ausgezogen, und die Kelchblätter tragen abstehende Anhängsel, die bedeutend kürzer sind als dieser Sporn.

Da die Viole sehr früh blüht, häufig sogar bevor die meisten Insekten auftauchen, wird sie kaum bestäubt und kann nicht fruchten. Deswegen bilden sich im Spätsommer noch kleistogame Blüten mit geschlossenem Kelch zur Selbstbestäubung. Die Viole findet man an Zäunen, Hecken, Gebüschen und halbschattigen Stellen am Waldrand.

Verwendet werden in der Küche die recht milden, zarten Blätter für Salate und die Blüten als Garnitur und zur Bereitung von Sirup. Aus der gesamten Pflanze kann man auch Suppe zubereiten. Dank des Schleims haben diese Suppen eine ziemlich gute Bindung. Beide Teile der Pflanze werden aber auch medizinisch genutzt, denn die Inhaltsstoffe wirken auf vielfältige Art und Weise. Allen voran ist Odoratin zu nennen, welches blutdrucksenkend wirken soll. Saponine, Bitterstoffe, Glykosid und Salizylsäuremethylester hingegen sind äußerst schleimlösend, schmerzstillend und beruhigend und helfen so bei Bronchitis und Atemnot. Schon Hildegard von Bingen bereitete ihre berühmte Veilchencreme zur Behandlung von Narben, die rückstandslos abheilen sollen, mit dem Märzveilchen. Allerdings sollte man beachten, dass die Pflanze vor der Blüte leicht mit den Blättern der essbaren Ährigen Teufelskralle und der giftigen Haselwurz zu verwechseln ist.

In dem französischen Dorf Tourrettes-sur-Loup findet alljährlich ein Veilchenfest statt. Dabei wird die 140-jährige Kultur der Veilchen gefeiert und zahlreiche Produkte präsentiert. Die Vermarktung bietet Besuchern einzigartige Souvenirs.

63 Mashua

Die Traum-Knolle für jeden Landwirt

Mashua bringt all das mit, was ein Landwirt sich wünscht: Sie ist relativ anspruchslos, braucht keinen Dünger oder Pflanzenschutzmittel und wächst in Regionen, in denen momentan kaum Landwirtschaft betrieben wird, nämlich an Berghängen. Man kann sie aber auch auf dem Balkon in Kübeln kultivieren, auch hier ist Mashua sehr flexibel. Diese Eigenschaften verdankt die Knollige Kapuzinerkresse ihrer Herkunft: Die Pflanze stammt eigentlich aus den Zentralanden in Südamerika. Hier ist sie vor allem in ländlichen Gegenden wichtig für die Ernährung der armen Bevölkerung.

Im deutschsprachigen Raum ist die Knolle auch als Cubio oder Zimtkartoffel bekannt. Letzteren Spitznamen hat sie sich durch ihren Geschmack verdient: Roh schmeckt sie zwar eher wie ein Radieschen, gekocht aber entwickelt die Knolle ein zimtiges Aroma. Auch die Blüten und schildförmigen Blätter der Pflanze können in der Küche verwendet werden, zum Beispiel als Teil von Salaten.

Der Mashua werden einige Heilkräfte nachgesagt: Die Feldherren der Inkas beispielsweise waren fest davon überzeugt, dass Mashua antiaphrodisierend wirkt, und haben sie daher ihren Soldaten gegeben. Heute wird vor allem die antibiotische und harntreibende Wirkung der Knolle gepriesen, ihr wird eine gute Wirksamkeit bei Nierenbeschwerden und Hauterkrankungen nachgesagt. Hinzu kommt, dass sie scharfe Glucosinolate enthält, ähnlich wie auch die verwandte Große Kapuzinerkresse. Diese sollen sogar Antibiotika ersetzen können.

Wer die Pflanze selbst kultivieren will, der braucht nicht viel außer einem Kübel und ausreichend Wasser. Im April und Mai werden die Knollen zehn bis 15 Zentimeter tief in die Erde gesteckt. Wenn die Pflanzen beginnen, sich zum Boden zu neigen, sollte man ihnen Rankhilfen anbieten. Ab Mitte September bilden sich die Knollen aus, die dann im Oktober oder November geerntet werden.

Obwohl südamerikanische Männer Anu, wie die Knolle von Einheimischen genannt wird, meiden, weil sie um ihre Männlichkeit fürchten, gibt es ein getrocknetes Produkt, das als »taicha« gehandelt wird und jahrelang haltbar ist. Mashua senkt nämlich den Testosteronspiegel.

64_Maulbeere

Der Stoff, aus dem Seide gemacht wird

Maulbeeren wachsen überall da, wo einmal Seidenproduktion stattgefunden hat. Das liegt daran, dass die Weiße Maulbeere die bevorzugte Nahrung des Seidenspinners ist und damit für dessen Zucht unverzichtbar. Maulbeeren wachsen an Bäumen oder Sträuchern, die bis zu 16 Meter hoch werden. Bei uns sind vor allem die Weiße, Rote und Schwarze Maulbeere bekannt. Insgesamt gibt es aber rund 15 Arten weltweit. Mit Abstand am beliebtesten ist die Weiße Maulbeere. Weil diese aber kaum lagerfähig ist, findet man sie im Handel nur getrocknet. *Morus alba* bildet formenreiche Blätter, die grob eiförmig, aber auch gelappt oder geteilt sein können.

Maulbeeren sind nicht nur eine leckere Alternative zur Rosine, sie haben auch als Heilmittel eine lange Tradition. Als Sirup wurden sie bei Fieber, Husten und Halsschmerzen wegen ihrer alkalisierenden und schleimlösenden Wirkung verabreicht.

Wer sich einen Maulbeerbaum in den Garten stellen will, muss sich genau informieren, weil es auch einige Zierarten gibt, die keine Früchte bilden. Sollten Sie die Beeren im Handel finden, ist die Anzucht aus Samen durchaus möglich. Dazu muss man die Früchte mit dem Messer auf einem Schneidebrett ausstreichen, die Samen mit der Pinzette rauspicken und in feuchte Anzuchterde aussäen. Andernfalls kann man Maulbeerbüsche auch im Garten-Center finden oder ihre Samen bei Online-Gärtnereien bestellen.

Gerade in Zeiten, in denen Insekten als Lebensmittel so einen Boom erfahren, wäre es wünschenswert, mehr Maulbeerplantagen anzulegen. Diese könnten in vielfacher Hinsicht zu einer nachhaltigeren Ernährung beitragen: Einerseits könnte man essbaren Insekten ein Zuhause bieten und andererseits die Beeren selbst essen. Gleichzeitig blieben die Seiden-Kokons als »Abfallprodukt« für eine nachhaltige Textilindustrie übrig – eine Win-win-win-Situation also.

Maulbeeren enthalten bis zu zehn Gramm hochwertiges pflanzliches Eiweiß und sind daher gerade für Vegetarier und Veganer empfehlenswert. Darüber hinaus senken sie Blutzucker- und Cholesterinspiegel.

65 Meerfenchel

Vitamin-C-Bombe aus dem Meer

Der robuste, salzverträgliche Meerfenchel wächst wild an den Felsküsten Nordafrikas und Europas, besonders am Mittelmeer mag er es gerne. Die ausdauernde Pflanze wird zehn bis 50 Zentimeter hoch und fällt durch ihre fleischigen grünen Blätter auf. Er gehört zu den Doldenblütlern und erinnert im Aussehen an wilden Fenchel. Die niederliegenden, am Grund verholzten Stängel sind blassgelb, ebenso wie die Blüten, die von Juni bis Oktober gebildet werden. Sie stehen in doppeldoldigen Blütenständen aus acht bis 36 Strahlen. Die gerippten Früchte erinnern an Gerstenkörner, wovon sich der wissenschaftliche Name *Crithmum* ableitet.

Schon in der Antike wurde der Meerfenchel als Heilkraut und Nahrungsmittel geschätzt. Die Blätter werden vorzugsweise vor der Blüte geerntet. Ihr Aroma wird als herb, frisch und etwas zitronig beschrieben, es hat geschmacklich also mit Fenchel nichts gemein. Die Blätter können roh im Salat gegessen oder in Butter oder Öl angedünstet werden. Traditionell werden sie nach regional verschiedenen Rezepten sauer eingelegt. Mit ihrem hohen Vitamin-C-Gehalt waren sie so ein wichtiges und haltbares Lebensmittel für Seeleute. Im süditalienischen Salento etwa wird der Meerfenchel in Essigwasser gekocht und mit Knoblauch und Pfefferminze in Olivenöl eingelegt. In Spanien und Griechenland wird er als Gewürz zu Fischgerichten besonders geschätzt.

Man sagt Samphire, wie er auf Englisch heißt, außerdem eine positive Wirkung auf die Verdauung sowie auf Leber, Nieren und Milz nach. Derzeit wird seine »Anti-Aging«-Wirkung von der Kosmetikindustrie für Hautcremes wiederentdeckt.

Meerfenchel kann auch im Garten angebaut werden. Er verträgt keine Staunässe und mag vorzugsweise einen kargen und sonnigen Standort. Da er kaum frosthart ist, muss er im Winter geschützt werden.

In England, wo Rock Samphire einst hochbegehrt war, haben sich die Sammler an Seilen auch von Klippen herabgelassen, um schwer zugängliche Pflanzen zu ernten, was eine sehr gefährliche Tätigkeit war.

66 Meerkohl

Deftig oder leicht: Dieser »Kohl« ist wandelbar

Nur entfernt mit unseren Kohlarten verwandt ist der Echte Meerkohl. Er wird auch See- oder Strandkohl genannt und ist ein Gewächs aus der Familie der Kreuzblütler und der Gattung Meerkohl. Die ausdauernde grau-grüne Pflanze wächst, gut angepasst an die hohen Salzgehalte, an den Kiesstränden der Nord- und Ostsee sowie am Schwarzen Meer und wird meist zwischen 20 und 50 Zentimeter hoch. In Deutschland und in anderen europäischen Ländern steht der Meerkohl mittlerweile unter Naturschutz, nachdem Wildernten vor allem für Viehfutter ihn ziemlich in Bedrängnis gebracht haben.

Der Stängel des Meerkohls ist sparrig verzweigt. Grundständig und am Stängel verteilt wachsen die zehn bis 40 Zentimeter langen und acht bis 30 Zentimeter breiten Laubblätter. In einer doldenartigen Schirmtraube stehen von Mai bis Juli zahlreiche duftende, vierzählige weiße Blüten. Die Samen wachsen in zweigliedrigen Schötchen. Die gebleichten jungen Sprossen können schon im April geerntet werden und gelten als Delikatesse. Junge Meerkohlblätter haben einen milden Kohlgeschmack. Sie können, wie auch die Brokkoli-ähnlichen Blütenknospen, roh als Salat oder gedünstet als Gemüse genossen werden. Auch nach der Blüte kann man die älteren Blätter ernten und zu deftigeren Kohlgerichten verarbeiten.

Der Strandkohl enthält wie alle Kohlarten Senfölglycoside, der Anteil gilt aber als unbedenklich. Zudem enthält er viel Kalium und ein günstiges Kalzium-Phosphor-Verhältnis, und besonders die Sprossen weisen größere Mengen an Vitamin B1 und B9 auf. Meerkohl kann im Garten angebaut werden, auch wenn er im Binnenland nicht so gut gedeiht wie am Strand. Durch Aussaat oder durch Wurzelstecklinge können Sie ihn vermehren. Die Pflanze braucht einen sonnigen Standort und durchlässigen, nährstoffreichen Boden. In Frankreich und England wird sie erwerbsmäßig angebaut.

Im späten Winter treten an den Wurzelstumpen die roten neuen Triebe hervor, die aussehen wie eine außerirdische Lebensform. So beschreibt zumindest ein englischer Autor ihre Erscheinung. Der Meerkohl ist ein Halophyt. Das bedeutet, dass er an hohe Salzgehalte im Boden angepasst ist.

67 Meersalat

Unsere Nachbarn und der Rest der Welt lieben ihn

Der Meersalat ist eine Grünalge, die auch Meerlattich genannt wird. Er gedeiht von der Gezeitenzone bis in den flachen Uferbereich und ist oft an Herzmuscheln oder Steinen verwachsen, manchmal schwimmt er aber auch lose im Meer. Die derbhäutigen Lappen erreichen einen Durchmesser von bis zu 30 Zentimetern und können bis zu einem Meter hochwachsen.

Man kann die Alge ganzjährig ernten, allerdings empfiehlt es sich, auf Jungpflanzen zurückzugreifen. Denn die älteren Exemplare haben oft zerschlissene Ränder oder bestehen nur noch aus weißlicher Zellwandsubstanz, was nicht besonders appetitlich ist. Sowohl in Ostasien als auch an der Pazifikküste Nordamerikas, in Irland und in Frankreich ist der Meersalat ein beliebtes Lebensmittel. Er wird nicht nur roh als Salat genutzt, sondern auch getrocknet und so lange haltbar gemacht. Als Zutat in Brotteigen, zum Beispiel in den Wasseranteil des Rezepts püriert, sorgt er dafür, dass diese länger frisch bleiben. Meersalat ist reich an wertvollen Inhaltsstoffen wie Vitamin C, Proteinen, Eisen und Jod. Die grün leuchtenden Blätter sind ein knackigfrisches Gemüse, das im Geschmack an Sauerampfer erinnert.

In der Landwirtschaft ist die Alge eine wertvolle Ergänzung zum Viehfutter und ein natürliches Düngemittel. Gerade Letzteres könnte sich als nützlich erweisen, denn an vielen Küsten ist der Meersalat inzwischen fast so etwas wie eine Plage. Die chemischen Düngemittel der Landwirtschaft, die über die Flüsse ins Meer gelangen, führen zu einer unkontrollierten Vermehrung der Alge. Daher sind die Strände voll mit angeschwemmtem Meersalat, der dann verrottet und gefährliche Faulgase freisetzt, an denen schon Menschen gestorben sind. Insofern könnte der Einsatz von Meersalat als Düngemittel langfristig dafür sorgen, dass sich die Population reguliert, die Vermarktung von frischem Meersalat kann seine Beseitigung finanzieren.

Die Meersalatblätter verwandeln sich in Chips, wenn man sie frittiert, die auch ohne zusätzliche Gewürze sehr lecker sind.

68 Mispel

Eine unbekannte Rarität

Eigentlich gilt der Speierling als seltenster Baum Deutschlands. Die Mispel ist aber noch viel weniger weit verbreitet. Die »Deutsche Mispel« wurde von dem Naturforscher Linné fälschlicherweise so benannt - ursprünglich kommt sie wohl nur im Schwarzmeer- und Kaukasusgebiet vor. Sie wurde aber seit der Römerzeit, und bei uns auf Anordnung Karls des Großen, in ganz Süd- und in Teilen Mitteleuropas als Obstbaum angebaut.

Die Mispel ist ein bis zu sechs Meter hohes Bäumchen mit ausladender Krone und unregelmäßig geformtem Stamm. Ihre wechselständigen, einfachen und kurzgestielten Blätter sind von ledriger Beschaffenheit, oben dunkelgrün, unten heller und filzig. Bei alten Bäumen können sie harte Dornen tragen. Sie ist gut zu erkennen an den großen weißen, fünfzähligen Blüten, die von Ende April bis in den Juni einzeln auftreten. Die orange-braunen Apfelfrüchte werden bis zu drei Zentimeter groß, sind rundlich und an der Spitze offen, mit gut erkennbaren, langen Kelchblättern. Deshalb wird die Frucht auch Hundsärsch genannt, ebenso wie ein Schnaps, der daraus gebrannt wird. Unter dem Namen *Mespilarios* wurde die Mispel schon im »*Capitulare de villis*« von Karl dem Großen als wichtiger Baum aufgeführt und in der Volksmedizin bei Halsschmerzen und Darmbeschwerden angewendet. Die Früchte werden nach dem Frost beziehungsweise der Nachreife verarbeitet, wenn die unbekömmlichen Tannine und Fruchtsäuren sich in Invertzucker verwandelt haben.

Der ohnehin seltene Baum ist in Deutschland gefährdet, weil er bei Flurbereinigungen und Baumaßnahmen zerstört wird, aber auch weil die Mispel in der Nähe von Kernobstplantagen unerwünscht ist, da sie als Wirtspflanze des Feuerbrandes zählt. In Feinkostgeschäften findet man Mispeln oft als Spezialität in Form von Marmelade, Schnaps oder Chutney – aber nur die wenigsten wissen, wie besonders das, was sie da verspeisen, wirklich ist.

Mispelfrüchte kann man auch roh essen: Dafür erntet man die Früchte nach dem ersten Frost. Aufschneiden und die Kerne entfernen. Nun kann man das teigig-weiche Fruchtfleisch herauslöffeln. Es schmeckt leicht säuerlich und erinnert an Datteln oder Feigen.

69 Mönchsbart

Spinat von der Küste

Der Mönchsbart ist eine klassische Mittelmeerpflanze und gehört zu den Salzkräutern. In Italien ist Agretti oder Barba di frate, wie die Pflanze dort genannt wird, ein beliebtes Gemüse. Sein Verbreitungsgebiet erstreckt sich entlang des Schwarzen Meeres und der gesamten Atlantikküste sowie im mediterranen Gebiet. Als Wildgemüse wird der Mönchsbart wie Spinat zubereitet. Da es sich um eine sukkulente Pflanze handelt, ist er aber viel herzhafter und substanzieller als Spinatblätter. Die jungen Sprossen kann man roh auch für Salate nutzen. Vor allem Mönchsbart-Spaghetti sind sehr beliebt – hierfür wird die Pflanze mit Knoblauch, Zwiebeln, Chili und Pinienkernen zubereitet. Im Internet findet man dazu eine ganze Reihe von Rezepten. Das ist ziemlich bemerkenswert, schließlich ist der Mönchsbart insgesamt ein eher unbekanntes Gemüse.

Dass sie so weit verbreitet ist, hat die Pflanze vor allem dem hohen Natriumcarbonat-Anteil ihrer Asche zu verdanken. Denn daraus wurde bis zur Entwicklung anderer Methoden auf natürliche Art und Weise Soda gewonnen, welches man zur Herstellung von Glas, als Reinigungsmittel oder Backzutat benötigt.

Heute wird der Mönchsbart vielerorts angebaut, um versalzte Böden für andere Kulturpflanzen aufzubereiten. Die Phytosanierung gewinnt zunehmend an Bedeutung durch die steigenden Meeresspiegel, aber auch aufgrund der weltweiten Versalzung von Trockengebieten durch die Bewässerung von Kulturpflanzen. Ein gesteigerter Handel mit diesem Gemüse und seine Verarbeitung in der Lebensmittelindustrie könnten somit in vielen Ländern helfen, unbrauchbare Böden wieder nutzbar zu machen. In gleicher Weise werden auch das in der Nordsee heimische Kali-Salzkraut und das Japanische Okahijiki-Salzkraut genutzt, das im ostasiatischen Seeraum verbreitet ist und dort auch angebaut wird. In beiden Fällen handelt es sich um verwandte Salsola-Gewächse.

UNSERE 111ER FÜR ECHTE MÄNNER

ISBN 978-3-7408-0571-5
€ D 16,95/€ A 17,50

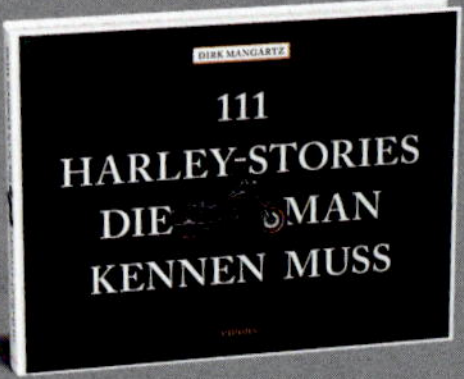

ISBN 978-3-7408-0939-3
€ D 25,00/€ A 25,70

ISBN 978-3-7408-0680-4
€ D 25,00/€ A 25,70

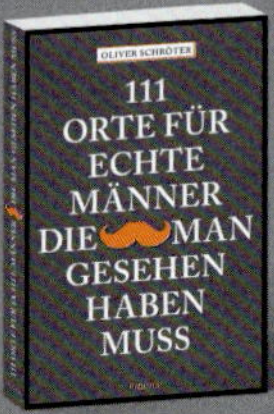

ISBN 978-3-7408-0735-1
€ D 16,95/€ A 17,50

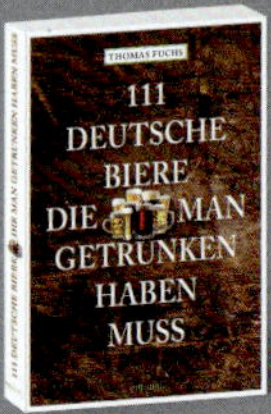

ISBN 978-3-95451-414-4
€ D 16,95/€ A 17,50

ISBN 978-3-95451-465-6
€ D 16,95/€ A 17,50

ISBN 978-3-7408-0242-4
€ D 16,95/€ A 17,50

ISBN 978-3-95451-912-5
€ D 25,00/€ A 25,70

ISBN 978-3-7408-0938-6
€ D 25,00/€ A 25,70

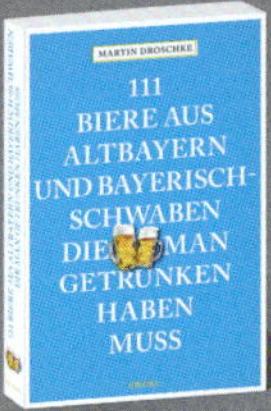

ISBN 978-3-7408-1069-6
€ D 16,95/€ A 17,50

Salsola soda ist als Neophyt bis an die Pazifikküste Nordamerikas verbreitet und bedroht die native Artenvielfalt in der Salzwiesen-Ökologie. Kann Konsum die heimische Flora retten?

70 Nachtkerze

Die Schönheit vom Bahndamm

Die Heimat der Nachtkerze liegt im östlichen Teil Nordamerikas. Ihre fleischige, rotfärbende Wurzel diente bereits den Ureinwohnern als Nahrungs- und Heilmittel. In Europa wurde die Nachtkerze im 17. Jahrhundert eingeführt und ebenfalls als Gemüse, aber auch als Arzneipflanze genutzt.

Im ersten Jahr sprießt der Neophyt mit einer Rosette aus lanzettlichen, leicht gezähnten dunkelgrünen Blättern mit deutlicher weißer Mittelrippe. Im Laufe des Sommers bildet sich eine rübenförmige, verästelte Wurzel mit rosa Ansatz aus. Die zweijährige Rapuntika ist recht häufig an Straßen und Waldlichtungen, aber auch an Bahndämmen, Böschungen, auf Baustellen und im Brachland zu finden. Sie entwickelt einen bis zu 180 Zentimeter hohen, leicht behaarten und wechselständig beblätterten Blütenstand. Zur Blütezeit öffnen sich in jeder Nacht ihres zweiten Vegetationsjahres einige ihrer leuchtend gelben, duftenden Blüten mit deutlichem Knistern, um sich für circa 24 Stunden der Befruchtung durch Nachtfalter und Schmetterlinge hinzugeben.

Als Nahrung werden die Wurzeln nur im ersten Herbst der Nachtkerze verwendet, danach ist sie zu faserig und hat eine unangenehme, kratzige Schärfe. Es heißt, dass ein Pfund Nachtkerze mehr Kraft gebe als ein Zentner Ochsenfleisch, was mit der arteigenen Komposition aus Stärke, Eiweiß und Mineralstoffen zusammenhängt. Sie hat ein kräftiges Aroma, das an Pastinake erinnert, und ist süß im Geschmack mit einem scharfen Abgang. Neben der Wurzel werden auch die jungen Blätter, Triebe, Knospen und unreifen Früchte in der Küche verarbeitet – als Rohkost im Salat, als eingelegtes Gemüse oder im Auflauf geschmort. Die Samen kann man wie Sesam geröstet verwenden.

Als Heilpflanze wird die Nachtkerze besonders gepriesen. Die Gamma-Linolensäure macht die reifen Samen zu einem begehrten Diätetikum gegen PMS, Asthma, Bluthochdruck und Rheuma.

Unter ultraviolettem Licht offenbaren sich faszinierende Strichsaftmale auf den gelben Blüten, als Fahrplan für ihre Bestäuber. Die Knospen, oberhalb der geöffneten Blüten, eignen sich für das »Wild Mixed Pickles« (siehe Nummer 77).

71 Nadelbäume

Zu schade, um sie verrotten zu lassen

Als Koniferen bezeichnet man eine Reihe von Bäumen, die alle Zapfen tragen, fast immer Nadeln statt Laubblätter haben und überwiegend immergrün sind, wie zum Beispiel die Kiefer. In Deutschland spielen Nadelbäume vor allem in der Weihnachtszeit eine Rolle. Die wenigsten Menschen wissen, dass viele Nadelbaumfamilien auch kulinarisch spannend sind. Bekannt sind Pinienkerne, Zirbelnüsse und Wacholderbeeren, aber in anderen Ländern ist die Bandbreite an dem, was von Nadelbäumen konsumiert wird, deutlich größer. Man kann viele Tannen-, Fichten-, Kiefern- und Lärchenarten im Frühjahr beernten, wenn sich die frischen Nadelaustriebe an den Zweigspitzen als zarte Wipfel bilden. Die meisten haben einen zitronig-sauren Geschmack, die Douglasie schmeckt sogar sehr intensiv nach Orange. Neben dem hohen Vitamin-C-Gehalt zeichnet alle Arten aus, dass sie ätherische Öle und Harze enthalten, die besonders bei Atemwegserkrankungen wohltuend und heilsam sind. Die Nadeln kann man entweder gehackt unter Frischkäse rühren, als Pesto zubereiten oder mit Wasser püriert zur Marmelade verarbeiten.

Neben den Nadeln werden auch die Zapfen verschiedener Nadelbäume konsumiert. In Russland beispielsweise werden junge Kiefernzapfen, in Sirup weich gekocht, als Marmelade verkauft. Man sollte auf jeden Fall darauf achten, die Zapfen jung zu ernten. Es empfiehlt sich, immer erst einen Zapfen probeweise zu kochen, um zu prüfen, ob er genießbar ist. Falls ja, kann man vom gleichen Baum einige Zapfen mehr abnehmen. Herzhaft zubereitet schmecken Zapfen beispielsweise, wenn man sie in Essigmarinade oder Knoblauchöl einlegt. Wichtig ist, dass man als Neuling in der gastronomischen Botanik nur Nadelbäume nutzt, die man genau kennt oder im botanischen Garten beschriftet kennengelernt hat. Denn es gibt auch viele sehr giftige Arten wie Eiben, Zypressen und Thuja-Bäume.

Zapfenprodukte zu popularisieren könnte nicht nur in vielen nordischen Ländern einen wirtschaftlichen Boom auslösen, sondern unserer Kulinarik auch eine interessante neue Geschmackswelt eröffnen, vor allem für die Liebhaber harziger Aromen.

72 Nelkenwurz

Hildegard von Bingen und Plinius schätzten ihn

Nelkenwurz ist eine unscheinbare, immergrüne Pflanze, die ganzjährig an schattigen Plätzen im urbanen Raum zu finden ist. Ihr typisches Habitat sind aber Laub- und Auenwälder, dem Spaziergänger fällt ihre grundständige Blattrosette besonders an Wegen und Waldrändern auf. Das ausdauernde Gewächs kann sich mit unterirdischen Ausläufern selbstständig vermehren. Sein junges Blatt ähnelt noch der Knoblauchsrauke (siehe Nummer 50) und dem Gundermann, bevor es sich bis zu 15 Zentimeter streckt und Seitenfiedern bildet, die immer kleiner als die Endfiedern bleiben. Zur Blütezeit wächst der wechselständig beblätterte Blütenstängel mit seinen fünfzähligen gelben Blumen, die von einem sternförmigen Außenkelch umrahmt sind. Der klettenartige Fruchtstand besteht aus zahlreichen behaarten Nüsschen, die im Fell von Tieren hängen bleiben.

Schon Plinius und Hildegard von Bingen wussten das Kraut zu schätzen. Als Heilpflanze bei Brustbeschwerden, als Aphrodisiakum, bei Gicht, Wassersucht und Harnwegsentzündungen. Auch bei Zahnweh, Durchfall und Hämorrhoiden wurde die antiseptische Wurzel verwendet. Wirksam sind hauptsächlich die Gerbstoffe und das enthaltene Eugenol. Dieses ist der Hauptbestandteil des Gewürznelkenöls und erklärt den Namen der Pflanze. Außerdem hat man sich den Nelkengeschmack zunutze gemacht und damit Liköre angesetzt. Früher wurde Nelkenwurz deshalb in Klostergärten angebaut, auch weil dem starken Nelkenduft, der schon bei der Wurzelernte auffällt, antidämonische Wirkung zugesprochen wurde. Die Pflanze ist in ganz Eurasien und dem Maghreb heimisch und in Nordamerika und Australien eingebürgert.

Die jungen Blätter schmecken in Salat und als Spinat zubereitet, ebenso können die Blüten und ihre Knospen verwendet werden. Aus Blättern und Wurzeln lässt sich ein leckerer Milchtee bereiten, wie man ihn aus der indischen Küche kennt.

Nelkenwurz wurde früher auch zum Aromatisieren von Wein und Bier verwendet. Hoffentlich wird diese Praxis von den neuzeitlichen Craft-Beer-Kreativbrauern aufgegriffen.

73_Ocaknolle

Die Knolle, für die man keine Crème fraîche braucht

Die Ocaknolle stammt ursprünglich aus Kolumbien und wurde vor allem von den Hochlandindios kultiviert. Hier ist Oca nach Kartoffeln das zweitwichtigste Grundnahrungsmittel. Außerhalb dieses Gebietes ist die Knolle bisher aber nur in Mexiko wirklich von Bedeutung, auch wenn sie in Neuseeland oder sogar Europa seit einigen Jahrzehnten einen kleinen Hype erlebt.

In ihrer Heimat wird Oca auch als »Kartoffel, für die man keine Crème fraîche benötigt«, bezeichnet. Das liegt vor allem daran, dass sie einen eher sauren Geschmack hat. Ähnlich wie der Neujahrsglücksklee oder der Waldsauerklee, mit dem sie verwandt ist, enthält sie viel Oxalsäure und Vitamin C. Man kann die Knollen als Rohkostzutat in Salaten, aber auch gekocht verspeisen. Da die Ocaknolle ursprünglich in Bergregionen zu Hause ist, liegt in der Popularisierung der Pflanze eine Chance für die Nutzbarmachung solcher Gegenden für die Landwirtschaft. Die Erträge der Knolle liegen bei 40 bis 60 Tonnen pro Hektar, sodass sich der Anbau auf jeden Fall lohnen würde. Oca braucht einen humosen, lockeren Boden und einen sonnigen, aber kühlen Standort. Ansonsten ähnelt der Anbau stark dem der Kartoffel: Die Aussaat erfolgt im März und April in einem Abstand von 30 bis 40 Zentimetern. Im Herbst werden die Knollen gebildet, die man nach dem ersten Frost, sobald die oberirdischen Teile abgestorben sind, erntet. Da die Knollen bei uns keine lange Wachstumsperiode durchleben, bleiben sie verhältnismäßig klein. Trotzdem stellen sie durch ihre ungewöhnliche Form und Farbe eine Bereicherung für unseren Speiseplan dar!

Wer die Knollen relativ unverfälscht probieren möchte, sollte sie roh essen. Aber auch gebacken sind sie sehr lecker. Die Ocas werden dafür gewaschen und erst in Buttermilch, dann in Mehl geschwenkt, welches mit Cayennepfeffer und Salz gewürzt wurde. Dann frittiert man die Knollen in Pflanzenöl, bis sie goldbraun sind.

Die Sauerkleefamilie bietet ihre prickelnde Säure auch in Fruchtform in der Karambole. Kombiniert man Ocaknollen mit Waldsauerkleeblättern und der Sternfrucht, hat man nicht nur ein ganzheitliches Gericht, sondern erfüllt auch die Dreifaltigkeit der irischen Sage, deren Symbol das dreiblättrige Kleeblatt ist.

74 Paradieskörner

Ihr kennt sie aus dem Aquavit

Es sind die Samen der *Aframomum melegueta*, die man als Paradieskörner bezeichnet und als Gewürz verwendet. Die ausdauernd krautige Pflanze gehört zur Familie der Ingwergewächse und stammt aus Westafrika. Sie wird bis zu anderthalb Meter hoch, bildet lanzettliche Blätter und einen waagerechten Wurzelstock. Von diesem Rhizom sprießen auch die rosa und weißen Blütenstände. Aus den zwittrigen Blumen reifen die bis zu zehn Zentimeter langen, furchigen roten Kapselfrüchte, die auch als Korarima-Früchte bekannt sind. Paradieskörner fanden zunächst ihren Weg nach Nordafrika und kamen von dort aus nach Europa, wo sie im Mittelalter als günstiger Pfefferersatz beliebt waren. Ihren Siegeszug starteten sie von Portugal aus, nachdem Joao Alfonso de Averiro den Pfeffer im 15. Jahrhundert aus Benin mitbrachte. Mit der Zeit verlor das Gewürz an Bedeutung, da die Portugiesen Echten Pfeffer aus Indien importierten.

Paradieskörner haben einen pikant-scharfen, aber nicht brennenden Geschmack und ein angenehm würziges Aroma. Sie eignen sich vor allem für Schmorgerichte mit langer Kochzeit, wo sie fast immer gemahlen eingesetzt werden. Für unseren Speiseplan sind Paradieskörner relativ unbedeutend. Sie werden lediglich in einigen altertümlichen Rezepten für Lebkuchen und Wurstzubereitungen aufgeführt. Außerdem ist überliefert, dass die englische Bierbrauerzunft Paradieskörner und andere Gewürze verwendete, um Spezialitäten zu kreieren, aber auch um den malzigen Geschmack ihrer Biere zu betonen oder vorzutäuschen. Heute finden man die Körner nur noch in einigen Aquavit-Rezepturen und dem englischen Gin »Bombay Sapphire« als eines der »Ten Botanicals«, der aromatischen pflanzlichen Inhaltsstoffe, die den Wacholdergeschmack ergänzen. In Nordafrika dagegen sind Paradieskörner fester Bestandteil von Gewürzmischungen, und in Äthiopien sind Korarima-Kerne sogar Teil der Kaffeerezepte.

Paradieskörner werden in der Volksmedizin Westafrikas gegen Malaria eingesetzt, bei Darmbeschwerden, sie sind wurmwidrig, hilfreich in der Hautpflege, wirksam gegen alle möglichen mikrobiotischen Krankheitserreger, steigern die Fruchtbarkeit und sind als Potenzmittel sogar patentiert.

75 Parakresse

Eine Hilfe, um Schärfe besser zu vertragen

Die wilde Parakresse ist eigentlich kein richtiger Pfeffer. Aber in Brasilien, wo sie ursprünglich herkommt, wird sie als solcher genutzt. Kein Wunder also, dass sie dort auch Jambú oder Pimenteira genannt wird; Letzteres heißt so viel wie »Pfefferstreuer«.

Jambú bildet einfache dunkelgrüne Laubblätter, die oval oder herzförmig sind und bis zu fünf Zentimeter lang werden. Dabei kann die Parakresse als ein- oder mehrjährige Pflanze auftreten und bis zu 40 Zentimeter hoch werden. An langen, kahlen Stielen erscheinen die körbchenförmigen rotbraunen Blüten zwischen Mai und Oktober. Diese haben einen Durchmesser von einem Zentimeter und können bis zu drei Zentimeter lang werden. Die eingangs beschriebene Wildform bildet sogar noch einige gelbe Zungenblüten aus. Ihre Früchte werden als Achänen bezeichnet. Das sind kleine Fallschirme, wie man sie von der Pusteblume kennt. Diese Fruchtstände kann man fürs nächste Frühjahr abpflücken und vor Licht geschützt trocken lagern.

Die Parakresse stellt geschmacklich eine Besonderheit dar, denn kurz nach dem Kauen von frischen Blättern oder Blüten hat man ein prickelndes, säuerliches Gefühl wie von ungesüßtem Brausepulver im Mund, der Speichelfluss wird deutlich angeregt, und für einige Minuten werden Zunge, Mund und Rachenraum taub. In Madagaskar, welches gelegentlich auch als Heimat der Parakresse angeführt wird, macht man sich diese Eigenschaft der Pflanze für das Nationalgericht Romazava, einen Eintopf mit Rindfleisch, zunutze: Die betäubende Wirkung der Parakresse oder auch Brède Mafane, wie sie auf Madagaskar genannt wird, sorgt nämlich dafür, dass man Schärfe besser verträgt.

Auch die Knospen und Blüten der Parakresse kann man in der Küche verwenden. Und zwar, indem man sie in Essig einlegt. So werden sie roh konserviert und können pur oder als Salatzutat gegessen werden.

Spilanthes oleracea ist hilfreich bei Zahnschmerzen, Entzündungen in Mund und Rachen, Borreliose, Gicht, Rheuma und Pilzinfektionen. Im Topf frostfrei überwintert, hat man eine ganzjährige Apotheke. Die Blüten kann man auch ins »Wild Mixed Pickles« geben (siehe Nummer 77).

76 Pfefferkraut

Ein würziges Kraut erobert die Welt

An Autobahnen und Bundesstraßen im Westen und Südwesten Deutschlands findet man seit einigen Jahren ein Kraut, das eigentlich so gar nicht in diese Gegend passt: das Pfefferkraut. Ursprünglich kam es in den gemäßigten und meridionalen Zonen Eurasiens vor und bevorzugte vor allem Küsten mit salzhaltigen Sand- und Tonböden, weshalb es auch Strand-Karse genannt wird. Wieso sich das Pfefferkraut nun ausgerechnet an Straßen ausbreitet, ist unklar. Das Kraut hat es in seiner Geschichte aber schon an allerhand Orte auf der ganzen Welt geschafft. So wurde es um 1900 vermutlich mit Zuckerrübensamen nach Nordamerika verschifft, als Neophyt findet man es sogar auf Hawaii, in Japan oder Australien.

Auch wenn es optisch nichts mit der gemein bekannten Gartenkresse zu tun hat, ist das Pfefferkraut den Kressen zuzuordnen. Die Pflanze ist im Gegensatz zu den meisten anderen Arten ihrer Gattung mehrjährig, erreicht Wuchshöhen von etwa einem Meter und bildet oft dichte Gruppen, da sie sich über Wurzelausläufer vermehrt. Die wechselständigen, kahlen Laubblätter sind einfach, das heißt ungeteilt, und weisen einen feingezähnten Rand auf. Ihre Grundblätter werden länger und breiter als die Stängelblätter, die länglich oval bis lanzettlich sind und eine Länge von fünf bis zehn Zentimetern und eine Breite von zwei Zentimetern erreichen.

Geschmacklich hat das Pfefferkraut ziemlich viel mit einer berühmten Schwester, der Gartenkresse, gemein. Es macht sich deshalb gut in Salaten, als Topping in Bowls oder auf Schnittchen – der scharfe, pfeffrige Geschmack peppt die verschiedensten Gerichte zuverlässig auf. Aus einem einfachen Butterbrot wird so zum Beispiel im Nu ein spannendes Gericht. Wer in seiner heimischen Flora kein Pfefferkraut findet, der kann das Saatgut online bestellen und diese besondere Kresse-Art ganz einfach selbst kultivieren. Dafür braucht es nur einen ausreichend großen Kübel oder ein kleines Beet im Garten.

Diese breitblättrige Kresse bietet nicht nur leckeres Laub, auch die Wurzel wird als Tee verabreicht bei Blähungen, Frauenleiden und Harnbeschwerden.

77_Pfeilkresse

Mit dem Zug zum nächsten Ziel

Obwohl sie als invasiver Neophyt verschrien ist, bietet die Pfeilkresse uns kulinarisch so einiges: Wir können sowohl die pfeffrigen, kleinen Blumenkohlknospen als auch die scharfen Blätter und die Fruchtschoten verwenden. Letztere sind praktisch herzförmige Pfefferkörner.

Die ausdauernde Pflanze kommt ursprünglich aus dem Mittelmeergebiet, dem südlichen Osteuropa und Vorderasien und verbreitete sich in fast 300 Jahren in ganz Europa, auf dem amerikanischen Kontinent, in Südafrika und Australien. Besonders der Ausbau der Eisenbahnnetze beschleunigte ihre Invasion, da ihre Früchte durch den Sog der Züge mitgerissen werden.

Die Pfeilkresse ist ein echtes Chamäleon, das sich an unterschiedlichsten Orten zu Hause fühlt: Sie wächst bei uns an Straßen- und Wegrändern, auf Bahndämmen, in Hafenanlagen, an Dünen und auf Brachland, aber auch auf lehmigen Äckern und in Weinbergen. Am Grund der bis zu einem halben Meter hohen Pflanze befinden sich länglich-eiförmige, teilweise gezähnte und mal mehr oder weniger dicht behaarte Blätter. Die oberen Laubblätter haben eine herz- oder pfeilförmige Basis und umfassen den Stängel. Dieser ist am Grund grauhaarig, oberwärts kahl und im Bereich des Blütenstandes reich verzweigt. Die weißen Blüten sind relativ klein und wachsen in doldenartigen Trauben. Die Früchte sind kleine, herzförmige Schötchen.

Neben den überaus gesunden Senfölen hat die Pfeilkresse den Vorteil, dass sie im Gegensatz zu anderen Kohlgewächsen wie Brokkoli und Blumenkohl nicht bläht. Im Gegenteil: Ihre Samen sind sogar wirksam gegen Blähungen. Pepperwort, wie sie auf Englisch heißt, blüht von Mai bis Juli und ist dann auch recht einfach zu erkennen. Und wenn man sich die Standorte gemerkt hat, kann man sogar im Winterhalbjahr die grundständigen Blätter ernten. So kann man das ganze Jahr seine Küche mit Wildkräutern aufpeppen.

Die Blüteknospen und Schoten der Pfeilkresse sind eine wunderbare Zutat für »Wild Mixed Pickles«. Dazu eine Marinade aus 250 Millilitern Wasser, 125 Millilitern weißem Balsamico-Essig, einem Esslöffel Meersalz und einem Esslöffel Zucker anrühren. Diese Mischung wird aufgekocht mit allen anderen Zutaten, die gerade zur Verfügung stehen, fertig.

78 Pimpernuss

Wie Pistazien aus Süddeutschland

Die Pimpernuss wächst als sommergrüner, oft mehrstämmiger Strauch bis zu einer Höhe von zwei bis drei Metern, selten auch als kleiner Baum mit fünf Metern. Im Frühjahr ist die Pflanze leicht an ihren paarigen Endknospen zu erkennen, die wie das Victory- oder das Peace-Handzeichen von den Zweigen abstehen. Die Rinde ihrer Äste ist bei Jungpflanzen olivgrün und glatt, bei älteren Exemplaren ist die Borke gräulich mit netzartigen, hellen Längsstreifen.

Besonders gut gedeiht die Pimpernuss an Hängen und Waldrändern und in krautreichen Buchen-, Ahorn- und Eichenwäldern. Ihr Hauptverbreitungsgebiet erstreckt sich von Südosteuropa bis nach Kleinasien. In Deutschland ist sie allerdings nur südlich des Mains verbreitet, im Norden gibt es nur vereinzelte Vorkommen. Die weißen Blüten bilden sich in den Blattachseln als hängende Rispen. Ihr angenehm süßer Duft macht sie zur beliebten Zierpflanze. Die sich daraus entwickelnden blasigen grünen Kapselfrüchte klappern deutlich im Winde, in ihnen befinden sich die kleinen braunen Samen.

Die Pflanzenfamilie der Pimpernussgewächse findet man ansonsten kaum auf unserem Speiseplan. In diesem Sinne würde die Pimpernuss eine sinnvolle Ergänzung unserer Ernährung und vielleicht sogar eine Alternative für Menschen mit Allergien darstellen. Die kleinen Nüsschen schmecken nämlich frisch wie Pistazien und werden klassischerweise in Salzlösung eingelegt, genauso wie die Blüten und Knospen des Strauchs. In Salzwasser eingelegte Blüten werden auch Jonjoli genannt und sind eine Spezialität aus Georgien. Eine andere typische Zubereitungsart ist das Kandieren der Blütenstände. In Bayern wird aus der gerösteten Pimpernuss ein Likör hergestellt. Die Pflanze wird also heute schon genutzt, und ihre Kultivierung bietet durchaus Potenzial für mehr Vielfalt auf unseren Tellern.

Pimpernüsse reifen im September, wenn sie in den aufgeblasenen Kapselfrüchten klappern, dann ist Erntezeit. Die Samen werden mit dem Hammer vorsichtig geknackt und die Nüsse dann in der Bratpfanne geröstet.

79_Pitahaya

Die Drachenfrucht, die wie Kartoffel schmeckt

Die Drachenfrüchte, die wir ab und an in unseren Supermärkten finden, heißen auch Pitahayas und gehören zur Gattung *Hylocereus*. Der kletternde Strauchkaktus aus der Familie der *Cactaceae* stammt aus Mittelamerika und wird hauptsächlich in Nicaragua, China, Vietnam und Israel angebaut. Die Drachenfrucht ist etwa faustgroß und hat eine fast unnatürlich rot- bis pinkfarbene Schale, die längliche Schuppen aufweist. Die häufigste am Markt angebotene Sorte enthält grauweißliches, durchscheinendes Fruchtfleisch. Darin verbergen sich lauter kleine schwarze Kerne. Ihre Pulpe schmeckt süß-säuerlich. Da Pitahayas sehr empfindlich und schwer zu transportieren sind, findet sich im Handel zumeist die oben beschriebene robuste Art, *Undatus*, während die anderen beiden Sorten nur selten angeboten werden.

Die reifen Früchte der Pitahaya kann man ähnlich wie Kiwis auslöffeln, die grünen, unreifen Früchte werden gekocht. Ihr Geschmack ähnelt dann dem der Kartoffel. Aus den reifen Früchten kann man außerdem einen leckeren Saft machen, der neben viel Wasser vor allem Eisen, Calcium und Phosphor enthält.

Wer die Pitahaya selbst kultivieren will, der sollte ihre Samen leicht bedeckt in einen Blumentopf mit sandiger Erde geben und regelmäßig wässern. Nach zwei bis drei Wochen treiben die Samen aus. Haben sich dann die Blätter voll entfaltet, muss man den Boden vollkommen austrocknen lassen, um die Kaktusbildung voranzutreiben: Gießen in Intervallen (völlig trocken, dann »fast« ertränken) ist angesagt.

Die wunderschönen Blüten der Pitahaya duften sehr stark. Die Pflanze kann hierzulande auch Früchte bilden, allerdings muss dazu das Zusammenspiel aus Wärme, Wachstum und Größe stimmen. Neben den Früchten lassen sich auch Blätter und junge Triebe der Pflanze nutzen. Letztere kann man beispielsweise sauer einlegen und ähnlich wie Essiggurken verspeisen.

Pitahaya-Früchte gibt es von drei Arten: die *Hylocereus undatus* mit roter Schale und weißem Fleisch, *Hylocereus costaricensis* mit rotem Fleisch und die gelbschalige *Hylocereus megalanthus*.

80 Portulak

Ein Gemüse für kurze Sommerperioden

Der Europäische Portulak ist eine recht unauffällige, einjährige Pflanze. Sie wächst oft mit niederliegenden Stängeln an sonnigen Orten in Mauerritzen, zwischen Pflastersteinen und an Wegrändern, tritt aber auch als Schädling in der Landwirtschaft häufig auf. Gleichzeitig ist als Kulturform die Varietät *Portulaca sativa* in Südeuropa sehr beliebt. Weil die Sämlinge innerhalb von sechs Wochen auswachsen, blühen und wieder Früchte bilden, gedeiht sie selbst in kurzen Sommerperioden.

Aus diesen Gründen auch Sommerportulak genannt, wird das Kraut schon seit dem Altertum als Heilpflanze und Gemüse gepriesen. Portulak hilft bei Sodbrennen, Nierenbeschwerden und Kopfschmerzen, wirkt fiebersenkend und harntreibend, regt die Verdauung an und wird in der Chinesischen Medizin bei Leber- und Magenbeschwerden eingesetzt. Das bissfeste Kraut schmeckt als Jungpflanze leicht säuerlich, salzig und nussig und ist gut geeignet als Salat. Die älteren Blätter und Stängel sollte man eher als Gemüse dünsten oder braten, da sie fester und leicht bitter werden. Die Blütenknospen kann man sauer einlegen und die Samen im Herbst als Zugabe zu Brotteigen nutzen. Portulak ist reich an Mineralien, Vitamin C und Omega-3-Fettsäuren und dickt dank seiner Schleimstoffe beim Garen die Sauce an.

Wer kein Glück bei der Suche nach wilden Beständen hat, kann ihn im Sommer oft im Supermarkt als Topfpflanze finden. Da es bei uns kein anderes Portulakgewächs gibt, das als Nahrung genutzt wird, wäre diese Pflanze eine überaus sinnvolle Bereicherung unseres Speiseplans. Ebenfalls im Handel findet man eine Pflanze, die Winterportulak heißt, aber auch als Postelein bekannt ist. Auch sie ist überaus lecker, aber nicht mit dem Portulak verwandt. Bei uns ist sie nur im Winter als regionales Gemüse auf dem Markt zu finden, obwohl man sie wild auch im Sommer ernten kann.

Die knackigen Stängel und Triebe eignen sich auch sehr gut als Zutat für das »Wild Mixed Pickles« (siehe Nummer 77).

81 Prächtige Fetthenne

Köstliches Dickblatt

Die Rote Fetthenne ist eine sehr beliebte und bekannte Zierpflanze. Vor allem ihre sukkulenten, meist quirlig angelegten Laubblätter und ihre doldenartigen rosa-roten Blütenstände machen sie zu einem ganz besonderen Hingucker. Ihre Blätter sind blau bereift, einfach und am Grund keilig. Sie werden bis zu zehn Zentimeter lang und bis zu fünf Zentimeter breit. Das Dickblattgewächs erreicht eine Höhe von bis zu 50 Zentimetern und bildet ein Knollenwurzelrhizom.

Ursprünglich kommt die Prächtige Fetthemme aus Nordchina und Korea. Dort besiedelt sie vor allem trockene Hänge, Schotter- und Felsenfluren. Da sie in ihren Blättern und Wurzeln Wasser und Nährstoffe speichert, ist sie sehr robust und wird gerne als Blickfang in Steingärten gepflanzt. Weniger bekannt ist, dass sowohl ihre Wurzelknollen als auch ihre leicht scharfen Blätter essbar sind. Die Wurzeln muss man dafür garen, die Blätter kann man als Rohkost zu sich nehmen. Da sie aber leicht giftig sind, sollte man sie nur in kleinen Mengen verzehren. In China und Japan, wo sie auch heimisch ist, werden die Blätter beispielsweise sauer eingelegt gegessen.

Ihre Blätter und der daraus gewonnene Saft dienen in der Volksheilkunde als Mittel gegen schlecht heilende Wunden. Dafür werden sie innerlich wie äußerlich angewendet. Durch das enthaltene Gift wird die Haut bei Kontakt mit dem Saft gereizt. Deshalb gilt die Fetthenne als wirksames Mittel gegen Warzen und Hühneraugen. Am effektivsten ist es, wenn man dafür einfach ein Blatt aufschneidet und auf die betroffene Stelle gibt. Um das einzelne Gewächs nicht allzu sehr zu entstellen, am besten nur wenige Blätter pro Pflanze pflücken und die Knollen im Herbst ernten, wenn man die Beete ohnehin auslichtet. So kann man im Sommer den Anblick des besonderen Dickblatts und im Herbst den Geschmack der Knollen genießen.

Die sukkulenten Blätter der Fetthenne, dazu wählt man kleine, passen gut ins »Wild Mixed Pickles« (siehe Nummer 77).

82 Purpurtang

Hat auch außerhalb Asiens Tradition

Als Purpurtang bezeichnet man verschiedene Porphyra-Rotalgen und die Gattung *Neopyropia* mit den Arten *N. tenera* und *N. yezoensis*, welche zur Herstellung von Nori verwendet werden. Das sind die rechteckigen Algenblätter, die man vom Sushi kennt. Der Tenera-Purpurtang ist dabei die Art mit den dünnsten Blättern, was dafür sorgt, dass das Nori weicher ist. Der zarte rote Tang bildet einen handgroßen Thallus und ist ursprünglich an den Küsten von Mauritius bis China, Taiwan und Korea beheimatet, aber auch in Kalifornien, Mexiko und Peru. Er besiedelt bevorzugt felsige Lagen in Buchten. Aufgrund von Landgewinnung, Flusserschließungen und Schlammansammlungen am Meeresgrund sind seine wilden Vorkommen rückläufig. In Japan gilt der Tenera-Purpurtang schon heute als bedrohte Art und wird fast ausschließlich in Aquakulturen gezüchtet. Aufgrund des steigenden Bedarfs an Nori durch den Sushi-Boom und die größere Verfügbarkeit der Yezoensis-Rotalge ist diese Art mittlerweile die am meisten verwendete, obwohl sie von geringerer Güte ist. Bedingt durch die Herstellungsart der Noriblätter heben sich die Qualitätsunterschiede jedoch weitgehend auf.

Nori ist als Nahrungsmittel aus jeder Rotalgenart eine überaus ergiebige Proteinquelle, weil eine Aquakulturfläche von 100 Quadratmetern 400 Kilogramm verwertbares Protein erzeugt, während dieselbe Fläche als Weide für Rindfleisch nur zehn Kilogramm Eiweiß ergibt.

Noriblätter kann man auch außerhalb der asiatischen Küchen wunderbar einsetzen. Zum Beispiel in Gemüsezubereitungen, in Fischgerichten oder in Flocken- oder Pulverform als Gewürz. Ein halbes Noriblatt, mit Essig püriert und mit Öl emulgiert, ergibt zum Beispiel ein leckeres Salatdressing. Auf den Britischen Inseln werden Porphyra-Arten auch als Sloke bezeichnet und sind Teil der traditionellen Küche. In Irland werden die Algen gekocht und mit Butter und Gewürzen verfeinert.

Noriblätter in Wasser eingelegt und dann in feine Streifen geschnitten sind eine weitere Zutat für das »Wild Mixed Pickles« (siehe Nummer 77).

83 Queller

Souvenir vom Watt-Spaziergang

Der Queller ist ein salzliebendes Fuchsschwanzgewächs, das die meisten Menschen wahrscheinlich von Spaziergängen im Watt kennen. Das ein- bis zweijährige Gewächs braucht nämlich salzhaltige Böden. *Salicornia europaea* hat aufrechte oder liegende, bis zu 50 Zentimeter lange, knorpelig-fleischige Stängel. Sie sind aus charakteristischen, walzlichen und seitlich etwas abgeflachten Gliedern aufgebaut.

Unter den Blütenpflanzen ist der Queller die Art, die mit dem höchsten Salzbestand im Boden zurechtkommt. Als typische Wattpflanze sind auch regelmäßige und lange andauernde Überschwemmungen bei Flut kein Problem für ihn. Der Queller zählt zur Gruppe der Fettpflanzen, welche das wenige Wasser, das sie der Salzlösung des Meeres abgewinnen können, als fettigen Schleim speichern. Die auch als Meeresspargel bekannte Pflanze hat es geschafft, sich in jeder Hinsicht optimal an ihre besonderen Lebensbedingungen anzupassen: Durch die stammsukkulente Gestalt des Schlickfängers ist die Verdunstung durch das vollständige Verkümmern der Blätter minimiert.

Obwohl das Gewächs weltweit die Küsten besiedelt und sowohl als Gemüse als auch Salat genießbar ist, wurde es nie als Nahrungspflanze kultiviert. Aufgrund seines hohen Kochsalzgehalts von 75 Prozent nach dem Verbrennen diente es früher zur Sodagewinnung für die Glasherstellung. In Frankreichs Küstenregionen wird die englisch Glasswort genannte Pflanze sogar kommerziell gesammelt, um roh oder eingelegt zu Fischgerichten serviert zu werden. Sie ist reich an Mineralstoffen und Vitamin C, enthält diuretisch wirkende und blutreinigende Substanzen. Am besten schmecken die jungen Triebspitzen, der untere Teil verholzt meistens. Diese so zarten, saftigen, fleischigen Triebspitzen werden getrocknet sehr hart und fest und bieten pulverisiert eine erstklassige Basis für Kräutersalzmischungen.

Queller ist blutreinigend, entwässert den Körper, stärkt Nieren und Leber, reguliert den Blutdruck, und sein Jodgehalt unterstützt die Schilddrüse. Aber bei Niereninsuffizienz und Unterfunktion der Schilddrüse sollte man keinen Queller essen. Er ist ebenfalls eine leckere Zutat für das »Wild Mixed Pickles« (siehe Nummer 77).

84 Rainkohl

Gesunder Smoothie-Zusatz

Der Gemeine Rainkohl ist die einzige Art der Gattung *Lapsana*, gehört zur Familie der Korbblütler und führt in seinen Stängeln Milchsaft. Das Halbrosettengewächs bildet leierförmige Grundblätter mit einem großen Endabschnitt und mehreren kleinen, sich zum Stängel verjüngenden, paarigen Blattlappen, die bei den oberen Blättern nicht mehr auftreten. Der Blattrand ist unten buchtig gewellt und oben, an den spitz-eiförmigen Stängelblättern, gezähnt.

Die wärmeliebende Halbschattenpflanze findet sich in Laubwäldern und als Kulturbegleiter auch in Gärten, auf Brachen, in Gebüschen und an Wegrändern, bevorzugt auf lehmigen Böden. Ihre blassgelben Blüten, die der Farbe nach an Löwenzahn erinnern, in der Form aber eher der Wegwarte gleichen, stehen in zahlreichen Rispen. Die 50 bis 120 Zentimeter hohe Pflanze blüht, vor allem vormittags, von Juni bis September. Man nutzt hauptsächlich die leckeren jungen Blätter für Salate, Smoothies, Suppen und als Gemüse. Nach der Bildung des Blütensprosses wird das Laub zu bitter und muss mit Wasserwechsel gekocht werden. Der recht unscheinbare Rainkohl ist eine alte Nahrungs- und Heilpflanze, die schon bei archäologischen Grabungen in Steinzeitsiedlungen nachgewiesen wurde.

Verwechslungen mit Giftpflanzen muss man nicht befürchten, weil alle ähnlichen Gewächse wie der Mauerlattich oder der Wiesen-Pippau ebenfalls essbar sind. Aufgrund seiner Schleim- und Bitterstoffe im Milchsaft wurde der Rainkohl bei Verdauungsproblemen, bei Entzündungen und Wundinfektionen eingesetzt, indem man die zerquetschten Blätter auflegte oder als Tee einnahm. Da die Blütenknospen Brustwarzen ähneln, heißt die Pflanze im Englischen Nipplewort und wurde stillenden Frauen zur Behandlung ihrer wunden Brüste verabreicht. Der Rainkohl ist im gemäßigten Eurasien heimisch und bis nach Amerika, Japan und Australien eingebürgert.

Die dicken, fingerlangen Triebspitzen im Bild passen gut in pfannengerührtes Gemüse.

85 Rosenwurz

Gesund und gut für die innere Balance

Der Rosenwurz ist ein ausdauerndes Dickblattgewächs, das in den arktischen Gebieten und Gebirgen Nordamerikas und Eurasiens heimisch ist. Die bis zu 35 Zentimeter hohe Pflanze bildet walzenförmige Triebe mit wechselständigen, fleischigen Blättern, die den Stängel umwachsen. Die zweihäusige Staude formt an den Triebspitzen als Trugdolden gelbe weibliche und purpurfarbene männliche Blüten aus. Als Überdauerungsorgan fungieren eine Pfahlwurzel und der unterirdische, knollige Stamm, der bei Verletzungen einen starken Rosenduft verströmt – daher auch der Name der Pflanze.

Rosenwurz gehört zu den adaptogenen Pflanzen. Diesen wird allgemein nachgesagt, dass sie Energien ins Gleichgewicht bringen und die Arbeit der Botenstoffe zwischen den Nerven unterstützen können. So wirken sich die Pflanzen positiv bei seelischen und körperlichen Belastungen aus, stabilisieren die Psyche und stimulieren das Denken. Das Potenzial des Rosenwurz ist also riesig – und das, obwohl die Pflanze verhältnismäßig anspruchslos ist. Am besten gedeiht der Rosenwurz in Steingärten, an mäßig feuchten, sonnigen Standorten mit steinig-sandigem Boden.

Das Gewächs zeichnet sich vor allem durch seine Anpassungsfähigkeit an unterschiedliche klimatische Bedingungen aus und gehört deshalb auch zu den Pflanzen, die in Zukunft garantiert unseren Speiseplan bereichern werden. Rosenwurz ist als Frischkost oder Blattgemüse gut für Gedächtnis und Nerven, die jungen Blättchen sind vitaminreich und schmecken sehr lecker als Salat. Die Triebe kann man wie Spargel kochen. Die Rhizome erntet man als Wurzelgemüse im Herbst und Winter und kann sie roh oder gekocht zubereiten. Wer die geballte Power der »Anti-Stress-Pflanze«, wie Rosenwurz auch genannt wird, nutzen möchte, der findet im Internet diverse konzentrierte Präparate zum Einnehmen.

Vitamine fürs Gemüt: In Russland wird Rosenwurz sechs Wochen in Wodka eingelegt und dann täglich ein Gläschen getrunken.

86 Schafgarbe

Von ihr kann man alles verarbeiten

Die fein gefiederten Grundblätter der Wiesen-Schafgarbe sprießen ab März/April bis in den späten Mai hinein und können bis zu 15 Zentimeter hoch werden. Sie erinnern ein bisschen an Farn, man findet sie vor allem auf Magerwiesen, Halbtrockenrasen, Auen sowie an Acker- und Wegrändern. Hier bildet die Schafgarbe große, büschelige Bestände. In diesem frühen Stadium kann man die Grundfiedern als Rohkost im Salat genießen. Ihr Aroma ist würzig und erinnert an Kampfer. Die Stängelblätter kann man vor der Blüte wie Petersilie verwenden.

Im Juni schon ist der ausdauernde Korbblütler dann bis zu einem Meter hoch und hat weiße Teilblüten gebildet. Diese lassen sich zu Sirup verarbeiten oder als Tee trinken. Selbst die Blütenstängel könnte man weiter nutzen, zum Beispiel als Grillspieß. Allerdings sollten empfindliche Menschen bei der Ernte Handschuhe tragen, weil die Pflanzensäfte bei Hautkontakt und Sonneneinstrahlung eine Kontaktallergie auslösen können, die sogenannte Wiesendermatitis.

Auch als Heilpflanze ist die Schafgarbe lange bekannt, die Legende besagt, dass gesunde Schafe ihre Blätter essen, kranke dagegen ihre Blüten. Neben ihrem Vitamin-C-Gehalt ist sie reich an Kalium, enthält Gerb- und Bitterstoffe, Schleim und Säuren und bildet einen wahren Cocktail an Medizin. »Schafgarbe im Leib tut wohl jedem Weib«, heißt es. Demnach reguliert die Schafgabe auch Menstruationsbeschwerden, ist wundheilend, blut- und schmerzstillend und wurde deshalb von Soldaten an der Front als zerkauter Brei wie ein Pflaster auf Wunden aufgetragen.

Es wird davor gewarnt, die Schafgarbe mit dem tödlich giftigen Gefleckten Schierling zu verwechseln, der ebenfalls weiße Doldenblüten bildet und fiedrige Blätter, aber sehr unangenehm riecht und bei genauerer Betrachtung viele Unterscheidungsmerkmale aufweist. Deshalb gilt: Vorher unbedingt einen Pflanzenführer checken!

In früheren Zeiten hat man Schafgarbe auch zum Gelbfärben von Wolle verwendet. Dazu nahm man getrocknete Blätter, Stängel und Blüten. Die Wolle wurde zuvor mit Kalium-Alaun und Weinstein gebeizt. Dann wurde ein Sud von 150 Gramm Schafgarbenkraut auf fünf Liter Wasser für eine Stunde gekocht und abgeseiht. In dem Sud kann man 100 Gramm Wolle für eine Stunde auf 80 Grad ziehen lassen.

87 Scharbockskraut

Die Dosis macht das Gift

Das Scharbockskraut gehört zu den Hahnenfußgewächsen und überzieht meist große Flächen mit seinem Grün. Man findet es im gesamten Gebiet des gemäßigten Eurasiens sowie in Nordamerika. Seine niederliegenden bis bogig aufsteigenden Stängel werden bis zu 30 Zentimeter lang, die Blätter glänzen wie lackiert und sind frischgrün, oft herz- bis nierenförmig und haben eine gekerbte Spreite.

Zur Zeit der Blüte, also ab März bis Mai, sollte man darauf verzichten, das Scharbockskraut zu essen. Denn dann reichert die Pflanze Protoanemonin an, einen giftigen Bitterstoff. Dies kann man verhindern, indem man die Pflanze wie Chicorée im Dunkeln zieht, weil das Scharbockskraut so kein Chlorophyll und in Konsequenz auch keinen Giftstoff bildet. Auch durch Trocknen und Garen soll der Stoff sich zersetzen. Trotz allem sollte man auch vor der Blüte das Scharbockskraut nur in moderaten Mengen genießen. So stellt es eine leckere Ergänzung für unseren Speiseplan dar.

Das Scharbockskraut wird auch Skorbutskraut genannt, weil es einst Seefahrern verabreicht wurde, um sie vor Skorbut, einer Vitamin-C-Mangelerkrankung, zu bewahren. Dazu wurden die jungen Blättchen als Frühlingssalat bereitet, um nach den langen obst- und gemüsearmen Wintermonaten oder eben ewig langen Seereisen den akuten Mangel an Vitamin C zu beheben. Außerdem kann man die Blütenknospen einlegen und verzehren, genauso wie die Bulbillen. Das sind ganz kleine Brutknöllchen, die in den Blattachsen wachsen und abgeworfen werden, da sie eigentlich der Vermehrung dienen.

Da alle giftigen Hahnenfüße im Allgemeinen fünf Blütenblätter tragen, besteht eigentlich nur eine Verwechslungsgefahr mit der Sumpfdotterblume, die fünf bis 15 Blütenblätter bilden kann, aber in allen Teilen größer ist. Die Blätter ähneln denen einiger Veilchenarten und dem Gundermann – diese Verwechslung wäre allerdings harmlos, weil diese ja auch essbar sind.

Die Brutknollen und Knospen sind eine weitere Zutat für unser »Wild Mixed Pickles« (siehe Nummer 77).

88 Scharlach-Fuchsie

Ein Strauch, der uns auch im Winter Obst liefert

Eigentlich ist die Scharlach-Fuchsie im Südkegel von Lateinamerika heimisch. Obwohl sie dort mit eher hohen Temperaturen verwöhnt wird, gedeiht sie auch bei uns wunderbar und ist sogar winterhart. Im Gegensatz zu ihren Schwestern im Ursprungsverbreitungsgebiet wird die Scharlach-Fuchsie in Mitteleuropa allerdings nur anderthalb Meter hoch, während sie sonst bis zu fünf Meter erreicht. Trotzdem kann man auch bei uns reichlich ernten – und das sogar auf Augenhöhe.

Was den Strauch besonders interessant für unsere Ernährung macht, ist die Tatsache, dass er auch im Winter Früchte liefert. So bietet die Pflanze uns die Möglichkeit, unseren Speiseplan auch in den kalten Monaten vielfältiger auszugestalten, wenn frisches Obst rar ist. Sowohl Blüten als auch die Beeren sind essbar, wenn sie den ersten Frost abbekommen haben, schmecken sie sogar recht gut, und man kann daraus Marmelade kochen. Als Heilpflanze wird die Scharlach-Fuchsie vor allem eingesetzt, um Fieber zu senken. Außerdem soll sie harntreibend sein.

Das Nachtkerzengewächs ist sehr robust durch die stürmischen Küstenbedingungen ihrer Heimat und verträgt Rückschnitte sehr gut. Sie ist leicht aus den Samen zu ziehen, egal ob gleich nach der Fruchtreife oder im nächsten Frühjahr. Die Jungpflanze sollte man nach dem letzten Frost in einem Kübel ins Freie setzen und an einem halbschattigen Standort platzieren. Wichtig ist auch, dass sie ihren ersten Winter geschützt in einem Gewächshaus oder kühlen Raum verbringt. Ab dem zweiten Jahr kann sie im Freien überwintern, wenn ihr Stock mit Mulch abgedeckt wird. Eigentlich wird die Pflanze von Kolibris bestäubt. In Großbritannien übernehmen Bienen diese Aufgabe. In vielen Ländern ist sie aus der Kultur verwildert und bildet dominante Büsche mit so dichtem Laub, dass sie den heimischen Pflanzen schaden. Ein Grund mehr, sie auf den Speiseplan zu setzen.

Die Beeren, die man erst ernten sollte, wenn sie weich und damit am schmackhaftesten sind, enthalten vier Reihen von länglichen gelblichen Samen, die man zur Aussaat nehmen und vor der unplanmäßigen Verbreitung durch Vögel sichern sollte.

89 Scheinerdbeere

Schmeckt eigentlich nach nichts

Die Indische Scheinerdbeere gehört zu den Rosengewächsen und sieht der Walderdbeere zum Verwechseln ähnlich. Der Teufel steckt hier wirklich im Detail: Während die Walderdbeere eine weiße Blüte und eine hängende Frucht aufweist, sind die Blüten der Scheinerdbeere gelb, und ihre Frucht steht. Man findet sie unter Hecken, an Feld- und Waldrändern und auf Auenwiesen.

Im Zweifelsfall helfen zwei weitere Merkmale bei der Unterscheidung von der Walderdbeere: Erstens trägt die Scheinerdbeere ihre Früchte nicht nur im Juli und August, sondern von Mai bis Oktober, und zweitens schmecken ihre Früchte nach nichts. Durch die lange Fruchtperiode ist die Scheinerdbeere ihrer »Schwester« überlegen – und zwar so sehr, dass sie sie vielerorts verdrängt. Nicht zuletzt deshalb sollten wir der Scheinerdbeere trotz ihres mangelnden Geschmacks einen festen Platz auf unserem Speiseplan frei machen. Schließlich sorgt der Konsum der Pflanze dafür, dass ihre Samen aus dem Verkehr gezogen werden. Weg frei für die »richtige« Erdbeere also.

Aber auch das, was in der Beere steckt, überzeugt. Die Scheinerdbeere unterstützt nämlich die Hauterneuerung und soll so bei Hauterkrankungen helfen. Als Tee hat sie außerdem eine adstringierende und entzündungshemmende Wirkung. Aber wie verwendet man sie nun in der Küche, wenn sie nach nichts schmeckt? Hier heißt es: Kreativ werden! In Kombination mit anderen Früchten wird aus der Scheinerdbeere eine leckere Marmelade, gemeinsam mit Klatschmohn kann man sie zu einem sommerlich-frischen Sorbet verarbeiten. Aus den Blüten lässt sich außerdem ein Tee zubereiten, der in der chinesischen Medizin bei Mandelentzündungen oder Ekzemen eingesetzt wird. Sie machen sich aber auch im Gemisch mit Erdbeeren gut in Torten oder Fruchtriegeln. Eigentlich kann man die Scheinerdbeere überall mit dazugeben – so tut man etwas für den Schutz der Walderdbeeren.

Obwohl sie Indische Scheinerdbeere heißt, stammen alle Überlieferungen aus China, wo sie She mei genannt und als Heilpflanze angebaut wird.

90 Schwarzer Mais

Mais ist nicht gleich Mais

Mais erweckt bei den meisten Menschen wohl schöne Assoziationen, zum Beispiel an süßes Popcorn auf dem Jahrmarkt oder im Kino. Wenn man ihn nicht so sehr süßt, ist Mais beziehungsweise Popcorn ein sehr gesunder Snack. Der Gemüsemais, der bei uns bekannt ist, ist übrigens nicht die gleiche Art wie der Mais, der weltweit als wichtigstes Getreide gepflanzt wird. Es gibt unzählige Sorten, die die wenigsten aber als solche kennen: Hartmais, Zahnmais, Puffmais, Zucker- und Stärkemais, der als Gries, Mehl, Stärke oder Glucosesirup in der Lebensmittelindustrie und als Futtermais für die Viehzucht eingesetzt wird.

Den Schwarzen Mais, den wir in diesem Buch als Lebensmittel der Zukunft vorstellen, sucht man im Supermarkt vergebens. Man kann ihn nur bestellen, und zwar in einem Onlineshop für südamerikanische Spezialitäten. Maíz Morado, wie er auf der Verpackung betitelt wird, heißt eigentlich lila Mais, auch wenn die Körner selbst bei genauem Hinsehen sehr schwarz aussehen. Er ist kulinarisch wie auch ernährungsphysiologisch sehr speziell, weil wir an präkolumbianische Techniken anknüpfen. Die intensive lila Farbe ist voller Antioxidantien und gilt als wirkungsvoller Schutz vor Darmkrebs und soll auch gegen Diabetes und Depression helfen.

Man kann die Kolben vielseitig in der Küche verwenden. Aus den Körnern lässt sich beispielsweise ein gräuliches Mehl mahlen, das Rührkuchen zu einem echten Geschmackserlebnis werden lässt. Schneidet man den übrig gebliebenen Kolben klein und kocht ihn in Wasser, bekommt man einen lilafarbenen Sud, der mit Puderzucker angerührt zu einem wunderschönen Guss für Kuchen wird. Oder man simmert den Kolben in flüssiger Butter und nutzt diese dann zum Plätzchenbacken. Auf jeden Fall wäre es wünschenswert, wenn mehr Menschen diesen Mais auf ihren Speiseplan setzen, um den fairen Handel in diesem Bereich voranzutreiben.

Der lila Mais keimt übrigens ganz vorzüglich und wächst zu einer über drei Meter hohen Pflanze heran. Einfach zwei bis drei Tage in Wasser einweichen, im Sieb mit feuchtem Tuch bedeckt keimen lassen und im Frühjahr an sonnigem Standort ins Beet setzen.

91 Schwefelporling

Eine vegane Alternative zu Hähnchen

Der Schwefelporling erinnert mit seinem leuchtend gelben Fruchtkörper an einen Briefkasten. Förster fürchten diesen bunten Parasiten, obwohl es völlig normal ist, dass schwache und kranke Bäume befallen werden. Dennoch sollte man »Chicken of the woods«, wie er im Englischen heißt, auf jeden Fall ernten, denn der Pilz ist eine natürliche vegane Alternative zu Hähnchen. Weil er nicht nach dem typischen Pilz schmeckt, ist er auch für Pilz-Muffel eine echte Alternative.

Wer den Schwefelporling im Wald sammeln möchte, der sollte vorher einen Pilzlehrgang absolvieren – Sicherheit geht nämlich vor, das gilt grundsätzlich, bevor man selbst Pilze sammeln geht. Der Schwefelporling befällt meistens Laubbäume, kann aber auch an giftigen Eiben auftreten. Dann sollte man von seinem Konsum absehen, weil er dessen Toxine aufgenommen haben kann. Roh ist er immer giftig. Seine Fruchtkörper sind muschelförmig, und das Gelb intensiviert sich zur Mitte hin bis ins Orange. Er bildet fächerartige Konsolen und sollte nur ganz jung gepflückt werden, solange sein Fleisch weich und saftig ist. Man findet ihn zwischen Mai und September überall dort, wo Eichenmischwälder oder Obstbäume stehen.

Besonders lecker ist »Fungitarischer Hühnersalat«, der außerdem viel gesünder ist als das Original. Schließlich enthält der Schwefelporling viele Kohlenhydrate in Form dreier Zuckerarten, sechs wichtige Aminosäuren, die Vitamine B3, B5, B7, B12, E und D. Außerdem enthalten sind neun organische Säuren, Spurenelemente und sekundäre bioaktive Substanzen wie Lektine und Phenole. Ein echtes Superfood also. Um den Salat zuzubereiten, würfelt man den gewaschenen Pilz und dünstet ihn zehn bis 15 Minuten. Nach dem Abkühlen mit Mayonnaise, Zwiebelwürfeln und gehackter Petersilie anmachen und mit Gewürzen abschmecken. Oft wird Schwefelporling aber wie Schnitzel gebacken – auch das ist wirklich lecker.

Laetiporus sulphureus, so sein wissenschaftlicher Name, findet sich ab Mai bis in den Oktober zumeist an Eichen, Lärchen, Pappeln, Weiden und Obstbäumen. Vorsicht vor Verwechslungen mit dem Zimtfarbenen Weichporling: der ist giftig.

92 Selim-Körner

Ein Opfer des Schwarzen Pfeffers

Xylopia aethiopica ist in ganz Zentralafrika verbreitet und wird bis zu 30 Meter hoch. Der immergrüne »Gewürzbaum«, wie er von den Einheimischen genannt wird, wächst sowohl in Regenwäldern als auch in Savannen. Der botanische Name der Selim-Körner setzt sich aus den griechischen Wörtern *xylon* für Holz und *pikron* für bitter zusammen. *Aethiopica* bezieht sich auf die »äthiopische« Herkunft der Pflanze, wobei damit die historische Bezeichnung weiter Gebiete Afrikas gemeint ist und nicht das Land Äthiopien in seinen heutigen Grenzen.

Der Name Selim-Körner ist etwas irreführend, da das würzende Element nicht die Körner, sondern die Schoten der Pflanze sind. Das Hauptanbaugebiet des Pfeffers liegt in Ghana, aber auch im Senegal spielt er eine wichtige Rolle. Hier werden die Schoten traditionell geräuchert, um den Geschmack zu intensivieren. Hauptsächlich werden die Selim-Körner in »Café Touba« verwendet, einem Getränk, das eine spirituelle Bedeutung für die einflussreiche islamische Murīdīya-Bruderschaft hat. Das Getränk enthält bis zu 20 Prozent Selim-Körner, welche zusammen mit Kaffee geröstet werden. Das Getränk erfreut sich solcher Beliebtheit, dass sogar regional der Verkauf von Nestlé Instantkaffee beeinträchtigt wird.

In Europa spielten Selim-Körner als Pfeffer im Mittelalter eine wichtige Rolle, bis der portugiesische König ein Verbot erließ, um sein Monopol auf Schwarzen Pfeffer zu schützen. Seitdem ist das Gewürz in Europa quasi bedeutungslos geworden. Mit dem pfeffrigscharfen Aroma können wir aber noch heute die unterschiedlichsten Speisen würzen – auch wenn wir Pfeffer, wie wir ihn kennen, nicht eins zu eins ersetzen können, da Selim-Körner sich nur schlecht mahlen lassen. Stattdessen können wir die Körner einfach in Eintöpfen mitkochen und vor dem Servieren wieder aus dem Topf nehmen und trotzdem das besondere Aroma genießen.

Unter www.madagascar-fairtrade.com werden verschiedene der besprochenen Pfeffersorten unter gerechten Handelsbedingungen vermarktet.

93 Sommertrüffel

Eine Delikatesse, die gar nicht so selten ist

Sommertrüffel haben mit ihren noblen Verwandten wenig zu tun: Während Weißer Alba und Schwarzer Perigord nur den oberen Zehntausend zur Verfügung stehen, kann man den Sommertrüffel selbst im Wald sammeln. Denn es gibt ihn tonnenweise in deutschen Wäldern. Schon im Jahr 1891 hat der Mykologe Rudolf Hesse in seiner heute noch aktuellen Abhandlung »Die Hypogaeen Deutschlands« darauf hingewiesen, dass die Sommertrüffel in Deutschland weit verbreitet sind. Dieses Wissen ging allerdings verloren, was auch auf ein Verbot der Trüffelsuche zurückzuführen ist. Es wurde in Form einer Bundesartenschutzverordnung quasi zum Gesetz. Trüffel der Gattung Tuber sind demnach in Deutschland streng geschützt.

Selbst Trüffel suchen, das stellt also eine Ordnungswidrigkeit dar. Trüffelspezialisten wie Sabine Hörnicke und ein ganzes Team von Expertinnen und Experten bemühen sich, im Rahmen eines Forschungsprojekts durch eine deutschlandweite Kartierung zu dokumentieren, dass die Gattung Tuber weit verbreitet ist und gar nicht auf der Rote Liste stehen müsste.

In allen Regionen Deutschlands, wo sich kalkhaltige Böden finden und die jeweiligen Baumpartner dazu vorhanden sind, müsste man eigentlich Trüffel finden können. Auch unter jungen Douglasien in Moosrasen und mildem Nadelhumus. Oder unter Schwarzkiefern. Kalkhaltigen Boden erkennt man an bestimmten Zeigerpflanzen wie Adonisröschen, Glockenblume, Kuhschelle, Hahnenfuß, Schlaffe Segge, Aronstab, Waldveilchen und Seidelblast. Auch das Vorkommen von Weinbergschnecken deutet eine kalkhaltige Umgebung an. Dort hält man Ausschau nach Truffieren – sozusagen Trüffelnestern, wo der Boden nicht mehr begrünt, sondern die Vegetation abgestorben ist, verbrannt vom Nährstoffbedarf der Trüffel. An solchen Orten sucht man Erhöhungen und Risse im Boden oder Stellen, wo Nagetiere gegraben haben, denn auch die wissen, wo Trüffel wachsen.

Trüffel haben ein beeindruckendes Nährstoffprofil, sind reich an vielen wichtigen Vitaminen, Mineralstoffen und Antioxidantien. Sie weisen antibakterielle, krebsbekämpfende und entzündungshemmende Eigenschaften auf.

94 Sorghumhirse

Dieses Getreide trotzt dem Klimawandel

Die Gattung der Sorghum umfasst rund 30 Arten tropischer Rispengräser, die von Nordafrika bis Australien verbreitet sind. Die wichtigste kultivierte Art ist *Sorghum bicolor*. Sie gewinnt zunehmend auch an wirtschaftlicher Bedeutung, weil neue Zuchtvarianten kältetoleranter sind und der Klimawandel den Anbau dieser gleichzeitig dürreresistenteren Arten zusätzlich begünstigt.

Auf dem afrikanischen Kontinent ist Sorghum ein Grundnahrungsmittel und wird auch zu verschiedenen Biersorten verbraut. Durch die Sklaverei wurde das Getreide in Amerika eingeführt und in den Südstaaten seit 1850 hauptsächlich zur Melassegewinnung kultiviert. Auch heute wird Sorghum noch zur Herstellung von Bioethanol genutzt. Das bis zu fünf Meter hohe Getreide zeichnet sich dadurch aus, dass es in Trockenperioden sein Wachstum unterbrechen und erst bei Regen oder Bewässerung wieder aufnehmen kann. In Gebieten mit geringen Niederschlagsmengen und leicht erwärmbaren, humosen beziehungsweise lehmigen Sandböden ist sogar ein gleichwertiger Ernteertrag möglich.

Was die Sorghumhirse auszeichnet, das sind ihre vergleichsweise großen Körner. Sie sorgen dafür, dass man deutlich höhere Erträge erzielen kann. Kein Wunder also, dass die Sorghumhirse als das fünftwichtigste Getreide gehandelt wird, gemessen an seiner Anbaufläche. Es besteht zu 70 Prozent aus Stärke und ist damit eine gute Energiequelle. Im unverarbeiteten Korn ist die Stärke jedoch nicht leicht verdaulich, sodass es gedämpft, gepufft, gekocht, gewalzt oder gemahlen und verbacken werden muss. Die relativ lange Garzeit der Körner kann man abkürzen, wenn man sie vorab einweicht und ankeimen lässt. Ein Vorteil von Sorghum ist, dass es kein Gluten enthält. Die vielen Ballaststoffe sättigen lange und lassen sich gut verdauen. Sorghum liefert darüber hinaus eine gute Portion pflanzliches Eiweiß und wird zu Recht als Lebensmittel der Zukunft bezeichnet.

In China wird aus Sorghum der Kaoliang-Schnaps hergestellt. Außerdem ist die Nutzung ihrer Fasern als Baumaterial, zur Papierherstellung und Energieerzeugung vielerorts üblich.

95 Spargelerbse

Die mag es gerne warm

Blutrot leuchten im Juni und Juli die rund zwei Zentimeter großen Schmetterlingsblüten der Roten Spargelerbse aus dem dunkelgrünen Laub hervor. Aus ihnen bilden sich die vierfach längs geflügelten, drei bis neun Zentimeter langen Schoten, denen die einjährige Pflanze den Beinamen Flügelerbse verdankt. Sie ist nicht zu verwechseln mit der tropischen, ebenfalls geflügelten Goabohne. Die niederliegenden bis aufsteigenden Triebe sind 20 bis 50 Zentimeter lang, in warmen Lagen sogar bis zu einem Meter. Die kurzgestielten Laubblätter enden in drei leicht zugespitzten, eiförmigen Blättchen. Sie sind wie die lanzettlichen Nebenblätter mehr oder weniger behaart. Die Pfahlwurzel reicht etwa 20 Zentimeter in den Boden hinein.

Die ursprünglich aus dem Mittelmeerraum stammende Spargelerbse gilt in Asien als Delikatesse. Die Schoten werden fortlaufend von Mitte Juni bis September geerntet. Dann sind sie zwischen drei und vier Zentimeter lang. Wichtig ist, dass die Ernte stattfindet, bevor die Schoten hart werden. Ihr Aroma ist mild und erinnert an eine Mischung aus Erbsen, grünen Bohnen und Spargel. Sie werden wie Zuckererbsen zubereitet, in Butter gedünstet oder in Gemüsesuppen verarbeitet. In England hat die auch »Englische Kaffee-Erbse« genannte »winged pea« Tradition: Im 18. Jahrhundert wurden die reifen Erbsen geröstet und gemahlen als Kaffee-Ersatz verwendet. Hier werden auch die jungen Triebe wie Spargel zubereitet gegessen. Die Samen enthalten viel Eiweiß sowie Kalzium, Phosphor und die Vitamine A, B und C.

Die Wildform ist vom Aussterben bedroht, aber verschiedene Kulturformen der Spargelerbse können im Garten angebaut werden. Sie sind sehr wärmeliebend, keimen erst bei einer Temperatur von 22 Grad und benötigen einen möglichst sonnigen Standort mit feuchter, aber nicht nasser Erde. Sie können als Bodendecker oder rankend gezogen werden.

Der wissenschaftliche Name der Spargelerbse lautet *Tetragonolobus purpureus*. Im Asiamarkt erhält man die ähnlich aussehenden Schoten der Goabohne, diese hat den Namen *Psophocarpus tetragonolobus*. An diesen Verwirrungen der Botanik darf man sich nicht stören.

96 Spitzwegerich

Perfekt bei Erkältungen

Plantago lanceolata ist von allen Wegerich-Arten wohl die bekannteste. Ihn findet man als Bestandteil von Hustensirup sogar zum Teil in Supermärkten. Denn Spitzwegerich wirkt antibakteriell, adstringierend, entzündungshemmend und auch schleimlösend. Das liegt nicht zuletzt daran, dass neben Aucubin auch Schleimstoffe, Flavonoide und Gerbstoffe enthalten sind.

Seine Blätter sind ungestielt, stehen in einer üppigen, grundständigen Rosette und sind schmal und lanzettlich, das heißt, sie verjüngen sich zu einer langen Spitze. Auf einem fünffurchigen Blütenschaft, der die Blätter weit überragt, bildet sich eine kurze Ähre mit langen weißen Staubfäden. Obwohl die rohe Pflanze viel wirksamer ist, wird der Spitzwegerich vor allem zum Sirup eingekocht angeboten. Seine Samen können für Brot oder Plätzchen verwendet werden. Wer von der Heilwirkung der Pflanze vollumfänglich profitieren möchte, der kann den Wegerich frisch sammeln und als Zutat für Salate und Smoothies nutzen. Dafür ganz einfach am Wegrand Ausschau halten, denn hier ist der Spitzwegerich oft zu finden. Sogar sein Name leitet sich von diesem Standort ab. Wegerich kommt nämlich vom altdeutschen Wort »wegarih«, was so viel wie »Wegbeherrscher« bedeutet. Beachtlich ist auch die lange Erntezeit, die von März bis in den Spätherbst reicht. Kein Wunder, dass der Spitzwegerich 2014 zur Arzneipflanze des Jahres gekürt wurde.

Oft findet man auch den Mittleren Wegerich, der wie eine Kreuzung von Spitz- und Breitwegerich aussieht. Dieser wächst meist flach auf dem Boden, in einer schönen, gefächerten Rosette. Seine breiten Blätter haben keinen Stiel und sind filzig behaart. Sein Blütenschaft ist glatt und deutlich kürzer als beim Spitzwegerich, mit einer längeren Ähre von circa fünf Zentimetern. Eine Verwechslung wäre in diesem Fall nicht schlimm, denn auch der Mittlere Wegerich ist essbar.

Die jungen Ähren von Spitz- und Mittlerem Wegerich sind ein tolles Rohkostgemüse und schmecken auch gebraten sehr lecker.

97 Stevia

Eine Alternative zu Zucker

Viele Jahre hatte sich die Zuckerindustrie gewehrt, aber 2011 wurde Stevia als natürlicher Süßstoff als Lebensmittelzusatzstoff zugelassen. Seitdem wird dieses Naturprodukt aber hauptsächlich auf sein Isolat reduziert, indem ausschließlich das weiße, pulverige Steviosid extrahiert wird. Heute findet man in jedem Supermarkt Zuckerersatz auf Basis von Stevia.

Dabei kann man auch die frische Pflanze zum Würzen verwenden und so den übermäßigen Zuckerkonsum reduzieren. In Japan, wo Stevia seit 1971 im Handel ist, haben seine Produkte bereits 40 Prozent des Markts von künstlichen Süßstoffen eingenommen und diese zum Teil umstrittenen Mittel verdrängt, was man durchaus als positive Entwicklung betrachten kann.

Die Steviapflanze kommt ursprünglich aus Paraguay, wo sie seit Jahrhunderten von der einheimischen Bevölkerung als Süßstoff und Heilpflanze verwendet wird. Inzwischen findet man die schöne Pflanze oft in unseren Gärtnereien, und sie hat das Potenzial, genauso ein Küchenkraut zu werden wie Petersilie, Basilikum und Pfefferminze. Der mehrjährige Korbblütler wird meist als einjähriges Kraut kultiviert, weil er nicht frosthart ist. Daher sollte man ihn ab Herbst in einem kühlen Raum überwintern lassen. Im Frühjahr treibt er dann neu aus, und man kann für die gesamte Vegetationsphase sein süßes Laub und die Blüten zum Würzen verwenden.

Für süßsaure Gerichte, im Tee oder in Desserts kann Stevia wunderbar verwendet werden. Ein Obstsalat mit sauren Früchten, in einem Curry oder einzelne Blätter im Salat – in kleinen Mengen setzen die Blätter der Steviapflanze deutliche Akzente und bereichern unseren Speiseplan mit verschiedenen Wirkstoffen. Als Arznei in der südamerikanischen Volksheilkunde wird sie als herzstärkend gepriesen, sie soll gegen Bluthochdruck, Übergewicht und Sodbrennen helfen. Außerdem soll sie gegen Zahnbelag wirken und somit auch Karies vorbeugen.

Steviablätter in flüssige Zartbitterschokolade getaucht, schmecken unfassbar gut.

98 Strahlenlose Kamille

Aus dem Botanischen Garten ausgebüxt

Aus der Zierkultur des Botanischen Gartens in Berlin konnte diese nordostasiatische Kamillenart sich 1852 unplanmäßig verbreiten und ist mittlerweile in ganz Deutschland eingebürgert. Die einjährige Pflanze wird bis zu 40 Zentimeter hoch, bleibt aber meistens kleiner als 20 Zentimeter. Das liegt daran, dass sie bevorzugt an eher öden Plätzen wächst beziehungsweise an stark begangenen Standorten wie Ruderalstellen, Wegrändern, Schuttplätzen, Böschungen und Ödland ihre Nische gefunden hat. Selbst zwischen Pflastersteinen fühlt sie sich wohl – eine echte Pionierpflanze eben!

Ab Juni blüht die Strahlenlose Kamille bis in den September. Ihr starker Duft, der an Apfel, aber auch Ananas erinnert, fällt einem zur Blütezeit durch die aufsteigende warme Luft oft schon auf, bevor man die unscheinbare Pflanze überhaupt entdeckt hat. Ähnlich wie die echte Kamille hat sie dünne, fiederartige Blätter, doch ist sie gedrungener und fleischiger in ihren Stängeln. Die Blütenköpfe sind rundlicher, eher grüngelb im Vergleich zu den goldgelben Röhren ihrer Verwandten und bilden keine weißen Zungenblüten. Die Strahllose Kamille und ihre rasche Verbreitung wird oft für den Rückgang der Echten Kamille verantwortlich gemacht.

Als Heilpflanze hat sie eine ähnliche, aber deutlich schwächere Wirkung als die Echte Kamille. Da sie jedoch kaum genutzt wird, hat man an ihr auch wenig Forschung betrieben. Ihr Geschmack ist aber deutlich besser als der der Echten Kamille. Besonders die Blüten eignen sich für eine Reihe an Zubereitungen. Sie weisen ein ausgeprägtes Ananasaroma auf, was der Pflanze im Englischen den Namen Pineapple weed beschert hat. Sie eignet sich hervorragend als Bestandteil von Salaten und verleiht Dressings das gewisse Etwas durch ihr besonderes Aroma. Man kann sie lokal pflücken und so ein echtes Power-Wildkraut nutzen, das oft unterschätzt wird und neben seiner Schwester, der Echten Kamille, unberechtigterweise untergeht.

Die Blüten eignen sich eingelegt für das »Wild Mixed Pickles« (siehe Nummer 77).

99 Straucherbse

Der Stoff, aus dem Yellow Dal gemacht wird

Wie viele andere Pflanzen, die wir in diesem Buch porträtieren, ist auch die Straucherbse bei uns weitestgehend unbekannt, gehört aber in anderen Teilen der Welt zu den Grundnahrungsmitteln – zum Beispiel in Jamaika, Tansania oder Indien, wo »Yellow Dal« eine Variante des landestypischen Linsengerichts darstellt. Der mehrjährige Strauch wird daher weltweit angebaut und zählt in tropischen und subtropischen Ländern zu den wichtigsten Körnerleguminosen. Gehandelt wird die Straucherbse in Deutschland als Gungo-Erbse, Erbsenbohne oder Taubenerbse.

Wild wachsend lebt sie ungefähr fünf bis sieben Jahre als verholzender Strauch und ist dank ihrer tiefgehenden Pfahlwurzel eine dürreresistente, robuste Kulturpflanze. Die strohfarbenen Hülsenfrüchte haben eine gebogene Form und zeichnen deutlich die Körner ab. Jede Hülse enthält maximal acht Samen, die von Weiß bis Schwarz oder gesprenkelt jeden Farbton bilden können. Da die Straucherbse seit 4.000 Jahren kultiviert und sowohl in Südamerika, Asien und Afrika angebaut wird, hat sich ein enormer Formenreichtum entwickelt. Selbst ohne die enorme Menge an Kleinbauern, die Gungo-Erbsen für den Eigenbedarf anbauen und statistisch nicht erfasst werden, beträgt die Weltproduktion über zwei Millionen Tonnen. Trotzdem spielt sie in der deutschen Küche keine Rolle, obwohl sie in vielen ethnischen Supermärkten erhältlich ist und eine schöne Abwechslung bietet.

Neben den getrockneten Bohnen werden auch unreife Schoten, Keimlinge und Blätter für Salat und Gemüse genutzt. In der Naturheilkunde aller Anbauländer sind vielfältige Anwendungsmöglichkeiten bekannt. In Indien und Java werden die jungen Blätter zur Wundbehandlung und bei Zahnschmerzen verwendet sowie gesalzene Blätter gegen Gelbsucht eingesetzt. In Argentinien nutzt man Blattauszüge bei Haut- und Genitalbeschwerden, und ein Blütentee wird als Mittel gegen Bronchitis und Husten getrunken.

Unter dem Namen Gungo Peas findet man die Straucherbse in indischen Supermärkten. Die Trockenerbsen lässt man einige Tage in Wasser einweichen, dann keimen sie sehr leicht. Im späten Winter auf der Fensterbank gepflanzt und nach den Eisheiligen in einen Kübel ins Freiland gesetzt, sollte man die Straucherbse im nächsten Herbst wieder kühl überwintern lassen. Dann kann man sie mehrere Jahre nutzen.

100_Taro

Eine Knolle gegen Sodbrennen

In deutschen Supermärkten ist er noch ein Exot, aber in asiatischen Ländern findet er schon lange regen Absatz: Die Rede ist vom Taro. Die Knolle, die zur Familie der Aronstäbe gehört, ist besonders für ihre magentonisierende Wirkung bekannt. Sie eignet sich nämlich hervorragend zur Bekämpfung von Sodbrennen und wird in Hawaii sogar als Säuglingsnahrung oder zur Behandlung von Verdauungsbeschwerden bei Babys und Kleinkindern genutzt.

Obwohl die Knolle weltweit Platz 14 der wichtigsten Nahrungspflanzen belegt, ist sie in Deutschland noch sehr unbekannt. Das ist schade, denn hierzulande nutzen viele Menschen Medikamente mit Antazida, um ihre Magenübersäuerung zu behandeln – dabei könnte es viel einfacher sein, wenn wir unseren Ernährungsplan um Taro ergänzen würden. So kann man seinen Magen ganz ohne Einsatz von Pharmazeutika wirkungsvoll sanieren. Und das Geld, das gegenwärtig noch in die Arzneimittelindustrie fließt, könnte dem fairen Handel zugutekommen.

Leider sind wir davon noch weit entfernt. Das liegt auch daran, dass Taro noch sehr unbekannt ist und seinen Weg in den Supermarkt nur selten findet. Die einzige verlässliche Anlaufstelle, um Taro zu kaufen, sind im Moment Asiamärkte. Woher die Knollen kommen, ist oftmals unklar, und so trägt man mit seinem Kauf unter Umständen dazu bei, dass prekäre Arbeitsplätze erhalten werden. Viel transparenter wäre es, wenn Taro endlich Einzug in die Supermärkte halten würde – bio und mit Fairtrade-Siegel. So könnten die Landwirte mit den Überschüssen ihrer Subsistenzwirtschaft ein Einkommen generieren, von dem sie leben können.

In der eigenen Küche ist die Taroknolle aber leicht zu integrieren, man verwendet sie einfach wie Kartoffeln. So stellt Taro eine leckere Ergänzung im Püree dar und schmeckt gut als Einlage in Suppen statt unserer Lieblingsknolle. Auch als Eis macht Taro sich gut.

Wenn Sie Taroknollen schälen, schneiden Sie einen Zentimeter lange Stücke der beiden Enden in einem waagerechten Schnitt ab und geben sie in eine Schale mit etwas Wasser. An einem warmen Standort das Wasser regelmäßig nachfüllen, sodass das untere Drittel immer unter Wasser bleibt. Dann zieht die Knolle Wurzeln und kann in Blumenerde zur wunderschönen Zierpflanze auswachsen.

101 Tasmanischer Pfeffer

Eine besondere Schärfe

Der Tasmanische Pfeffer wird auch Berg- oder Australischer Pfeffer genannt und gehört zur Familie der Winteraceae. Bisher wird er vor allem in der Küche der indigenen australischen Bevölkerung verwendet. Seine Schärfe verursacht eine leichte Taubheit und kommt mit einer distinktiven Süße daher. Hierzulande sind die Körner des Tasmanischen Pfeffers eine echte Rarität. Aber Achtung: Sie dürfen nicht mit einer Pfeffermühle gemahlen werden, da sie auch im getrockneten Zustand noch fleischig sind und die Mühle verkleben würden. Stattdessen sollte man ihn mit einem scharfen Messer grob hacken.

Die zu den Körnern gehörende Pflanze, *Tasmannia lanceolata*, ist ein bis zu zehn Meter hoher, immergrüner Busch mit lanzettlichen Blättern und rosa Blüten. Aus diesen bilden sich erbsengroße schwarze Beeren – die Frucht, welche getrocknet als Pfeffer verwendet werden kann. Sie gedeiht am besten in kühlen, feuchten Habitaten und ist in gemäßigten Regenwäldern und offenen Wäldern verbreitet, toleriert aber Temperaturen bis zu minus 15 Grad. So kommt es, dass sie neben ihrem ursprünglichen Verbreitungsgebiet auch im südenglischen Cornwall überlebt. Dort ist sie als Cornish Pepperleaf bekannt und sehr beliebt.

Den Tasmanischen Pfeffer sollte man vorsichtig dosieren, denn er ist sehr viel schärfer als der Schwarze Pfeffer, den wir sonst primär in unserer Küche verwenden. Da die Schärfe dieser Pfefferart außerdem sehr fragil ist, empfiehlt es sich, ihn erst nach dem Kochen zum Würzen zu benutzen. Wegen seines hohen Anteils an Polygodial ist Tasmanischer Pfeffer außerdem in der (alternativen) Medizin beliebt. Diesem Terpen wird eine ganze Reihe an positiven Eigenschaften zugeschrieben. So soll Polygodial antimikrobiell, antifugal und antiallergen sein und gegen Entzündungen wirken. Tasmanischer Pfeffer wird deshalb sogar als natürliches Insektizid eingesetzt.

Da der wild wachsende Tasmanische Bergpfeffer das schädliche Safrol enthält, wurden Variationen für den Gewürzhandel gezüchtet, die kein Safrol enthalten.

102 Taubnesseln

Eine spannende Familie

Die häufigste Taubnesselart in Deutschland ist die Weiße Taubnessel. Bevor sie Blüten trägt, wird sie wegen ihrer Blätter oft mit der Brennnessel verwechselt. Allerdings bildet sie keine Brennhaare und ist daher im Vergleich zur Brennnessel sozusagen »taub«, was den Namen der Pflanze erklärt. Trotzdem haben beide auch einige Gemeinsamkeiten: So wählen sie zum Beispiel ähnliche Standorte, sind beide Stickstoffanzeiger und Ruderalpflanzen. Das heißt, dass sie an Wegrändern, Feldwegen und Brachen gedeiht. Die Weiße Taubnessel bildet Lippenblüten und erreicht eine Höhe von bis zu 70 Zentimetern, womit sie deutlich kleiner ist als die Brennnessel.

Auch die Purpur-Taubnessel wächst sehr häufig in Deutschland. Sie ist deutlich kleiner als die Weiße Taubnessel und hat – ganz dem Namen entsprechend – lilafarbene Blüten. Die dritte bekannte Taubnesselart bei uns ist die Goldnessel. Man findet sie in Gebüschen und Auenwäldern und erkennt sie daran, dass ihre Blätter oft weiß überlaufen sind. Beide Arten sind ein beliebtes Wildgemüse, da sie ein pilziges Aroma aufweisen. Die Triebspitzen kann man fein gehackt aufs Butterbrot streuen oder als Beigabe im Salat essen. Auch gedünstet als Gemüse oder Suppenzutat ist die Taubnessel sehr lecker. Als Heilpflanze in der Volksmedizin war sie aufgrund der Signatur ihrer drei Blütenfarben als Frauenheilkraut bei weißem, rotem und gelbem Ausfluss viel gepriesen. Schulmedizinisch nachgewiesen ist vor allem ihre entzündungshemmende und schleimlösende Wirkung, weshalb sie gerne in Tees eingesetzt wird.

Von den rund zwölf Nesselarten in Mitteleuropa sind hierzulande noch die Gefleckte und die Stängelumfassende Taubnessel recht häufig. Alle Arten sind für Bienen und Hummeln eine wichtige Weide. In den USA und Neuseeland ist die Weiße Taubnessel als Neophyt eingeschleppt.

Taubnesseln helfen auch bei Magen-Darm-Beschwerden wie Völlegefühl, Blähungen und Sodbrennen.

103 Teff-Zwerghirse

Das Grundnahrungsmittel Äthiopiens

Die Geschichte der Zwerghirse ist vor allem mit einem Land verbunden: Äthiopien. Nur hier und in keinem anderen Land der Welt war Teff eine signifikant wichtige Kulturpflanze und das Grundnahrungsmittel schlechthin. Ein Viertel aller Anbauflächen im Land werden mit Teff bepflanzt. In Deutschland war Teff lange Zeit maximal den Besuchenden äthiopischer Restaurants bekannt, die eine Mahlzeit mit Injera-Fladenbrot bestellt haben. Injera sind die essbaren Teller, auf denen die Speisen in äthiopischen Restaurants typischerweise serviert werden. Dünn wie ein Crêpe und löchrig fast wie ein Schwamm, hat der säuerliche Brotfladen dieselbe Funktion wie Tortillas in der mexikanischen Küche. Vom elastischen Teig werden kleine Stücke abgetrennt, um damit die darauf liegenden Zubereitungen zu greifen: Teller und Gabel zugleich - kein Spülkram. Für die Einheimischen ist Injera die Grundlage jeder Mahlzeit. Inzwischen kann man Teff, vor allem in Form von Mehl, in immer mehr Reformhäusern und Supermärkten kaufen.

Teff ist das kleinste Getreide der Welt: Etwa 150 Körner entsprechen der Größe eines Weizenkorns. Das Mehl der Zwerghirse eignet sich vor allem als Weizenersatz für Menschen, die kein Gluten vertragen, denn Teff ist natürlicherweise glutenfrei. Dabei verfügt das Mehl, wie andere Hirsearten auch, über einen extrem hohen Nähr- und Ballaststoffgehalt und verlangsamt so den Anstieg des Blutzuckerspiegels.

Aber nicht nur unsere Speisepläne profitieren davon, wenn wir Teff in Zukunft in unserer Küche verwenden. Sondern auch die Bauern in Äthiopien, denen wir – fair gehandelt, versteht sich – ihr Mehl abkaufen. So können wir einen Beitrag dazu leisten, dass gut entlohnte Arbeitsplätze dort entstehen, wo wir als Bewohner der nördlichen Hemisphäre sonst vor allem ausbeuterische Arbeitsverhältnisse schaffen.

Der große Vorteil von Teff ist, dass seine winzigen Samen einen höheren Konsum von Ballaststoffen mit sich bringen, wohingegen große Körner proportional mehr Mehlkörper, also Kalorien, enthalten.

104 Vogelmiere

Das ganze Jahr über frisch verfügbar

Dieses unscheinbare Nelkengewächs findet sich in nährstoffreichen Böden auf Äckern, Gärten, Weinbergen und vielfach in Grünanlagen und Zierbeeten und bevorzugt dabei feuchte, halbschattige Standorte. Die kriechende bis niederliegende Pflanze wird bis zu 40 Zentimeter lang und bildet am runden Stängel eine einseitige Haarleiste, die bei jedem Blattansatz und Verzweigung ihre Richtung ändert. Die ganzrandigen, kreuz-gegenständigen Blätter sind unten langgestielt und zunächst von ovaler Form, die dann oft herzförmig auswächst. Neben der einseitigen Haarleiste gibt es noch ein gutes Erkennungszeichen: Wenn man an einem Trieb der Vogelmiere leicht zieht, trennt man den äußeren Stängel, aber eine Faser bleibt erhalten.

Von der Ebene bis ins Gebirge ist das formenreiche, zarte Unkraut weltweit verbreitet und bietet sich als Wildgemüse und Heilpflanze an. Der Vogelmiere werden dabei vor allem schmerzlindernde Eigenschaften zugeschrieben. Der frische Presssaft wird zur Behandlung von Rheuma und Gelenkschmerzen eingesetzt, und auch als Tee wird das Kraut zur äußeren und inneren Anwendung genutzt. Es wird zudem bei Leberbeschwerden, Entzündungen und Atemwegserkrankungen angewendet. Aber auch als Lebensmittel ist die Vogelmiere sehr wertvoll, denn mit einer Salatportion von 50 Gramm ist der Vitamin-C-Tagesbedarf gedeckt. Außerdem enthält sie wertvolle Mineralien und zahlreiche Phytostoffe. Auch Haustiere wie Hühner, Schildkröten, Wellensittiche und Kanarienvögel mögen Vogelmiere als Frischfutterzusatz.

Die Vogelmiere blüht fast das ganze Jahr, bildet pro Pflanze 15.000 Samen und ist kinderleicht zu vermehren. Komisch also, dass sie nicht schon längst auf jeder Fensterbank sprießt. Damit sich das ändert, setzen wir die Vogelmiere auf die Liste der Future Foods.

Vor der Blüte besteht eine Verwechslungsgefahr mit dem Acker-Gauchheil, der leicht giftig ist.

Es ist ein Leichtes, die Vogelmiere in der Natur auszugraben und in einer Balkon-Ökologie anzusiedeln. Einmal etabliert, wird sie sich über alle Töpfe ausbreiten und bietet sich zur fortwährenden Nutzung an.

105 Wakame

Ihr Ruf ist verdienterweise gut

Ursprünglich an den Küsten des Westpazifiks, Chinas, Japans und Koreas heimisch, ist diese Braunalge mittlerweile durch die Fischerei weit verbreitet. Man findet sie heute sogar bei Tasmanien und im Nordostatlantik. In der Bretagne wurde sie zeitweise an Seilen kultiviert. Um die Produktion der Alge anzukurbeln, wurden an Wildstandorten sogar Felsen zertrümmert oder zusätzliches Steingut ausgebracht, um die Besiedlungsflächen zu vergrößern. Denn mit Erntemengen von jährlich circa 200.000 Tonnen ist Wakame von großer wirtschaftlicher Bedeutung und ein wichtiges Lebensmittel in Asien.

Die Basis des Gewächses bildet ein wurzelartiges Haftorgan, welches Mekabu genannt wird. Mekabu selbst ist auch essbar und bildet unterhalb der Niedrigwasserlinie dichte Tangwälder mit bis zu drei Meter langen Blättern, die seitlich tief eingeschnitten gelappt sind. Aus diesem Grund gibt es immer wieder die mehr oder weniger ernst gemeinten optischen Vergleiche mit einem Tannenbaum.

Die frisch geernteten Algen werden traditionell gewaschen und getrocknet gehandelt. Beim Einweichen verzehnfacht sich ihr Gewicht. Frische, in Salz eingelegte Wakame-Algen kann man heute aus biologischem Anbau beziehen. Der erste Eindruck dieser Tangblätter widerspricht eventuell dem Gros der vorliegenden Literatur, weil sie sich nicht zerpflücken lassen wie Salat, sondern unnachgiebig fest sind. Der Trick ist in diesem Fall, sie quer zur Faserung klein zu schneiden.

In Japan dient Wakame häufig als Zutat für Suppen, viele kennen hierzulande die beliebte Misosuppe. Die Alge verleiht ihr ein kräftigeres Aroma und steigert den Nährwert. Auch wird sie gerne zu Sushi gereicht oder geröstet mit Reis zubereitet und mit Zuckerhülle serviert. Wakame wird besonders dafür gerühmt, einen erhöhten Blutdruck zu regulieren sowie Krebs und Arteriosklerose vorzubeugen.

Wakame (*Undaria pinnatifida*) enthält Fucoxanthin, neben Chlorophyll ein weiterer Farbstoff in den Chloroplasten. Er ermöglicht es dieser Braunalge, effektiver Fotosynthese zu betreiben und so noch größere Wassertiefen zu besiedeln. Das Fucoxanthin bewirkte bei Mäusen eine verstärkte Fettverbrennung.

106 Wasserpfeffer

Ein Kraut, das in der Not hilft

Der Wasserpfeffer hatte in Europa vor allem zu Notzeiten Hochkonjunktur, da sein scharfes Laub gelegentlich als Ersatz für Pfeffer genutzt wurde. Seit dem Zweiten Weltkrieg hat die Pflanze deshalb in Europa an Relevanz verloren, auch wenn sie als Wildpflanze immer noch weit verbreitet ist und schon seit der Bronzezeit in der europäischen Küche Verwendung fand. Beliebter sind die Blätter des Wasserpfeffers heute in Japan, wo die Pflanze schon lange kultiviert wird und man deutlich mildere Zuchtsorten entwickelt hat. Hier werden frisch gezupfte Blätter als Dekoration zu Salaten oder Reisgerichten gereicht. *Persicaria hydropiper*, so der botanische Name, wächst auch in Nordamerika, Ostasien, Australien und Neuseeland.

Der Wasserpfeffer ist ein einjähriges Knöterichgewächs, keimt in der Regel ab April oder Mai und blüht bis Oktober mit langen, zierlichen Ähren und weißen Blütenköpfen. Kennzeichnend für den Wasserpfeffer sind seine grünen Stängel, die oft mit einem roten Ring nach jedem Knoten markiert sind. Mit zunehmender Sonneneinstrahlung im Verlauf des Jahres verfärbt sich nach und nach der gesamte Stängel rötlich. Die Höhe des Krauts variiert stark, je nach Standort liegt sie zwischen 20 und 80 Zentimetern. Die Blattstiele sind an Ober- und Unterseite braun gepunktet, die Blätter sind beidseitig kahl oder leicht behaart, lanzettlich, drei bis zwölf Zentimeter lang und an der Basis keilförmig und spitz zulaufend.

Wasserpfeffer, auch Flohpfeffer, Pfefferknöterich oder Scharfkraut genannt, ist heute im gesamten Raum des gemäßigten Europas verbreitet und kann daher in Deutschland problemlos als würzige, regionale Alternative zum Pfeffer aus dem Supermarkt eingesetzt werden. In China verwendet man das Kraut in der traditionellen Medizin bei Asthma, Magengeschwüren und Nierensteinen. Empfindliche Personen können beim Schneiden vom Pflanzensaft Hautirritationen bekommen!

Der scharfe Inhaltsstoff Tadeonal dient als Fraßhemmer für Insekten, Säugetiere werden ebenfalls abgeschreckt. Nur bei uns Menschen funktioniert das nicht. Das hat sich aber für *Hydropiper* dennoch gelohnt, denn in Japan wird davon mehr angebaut, als sich natürlich verbreiten könnte.

107_Weißdorn

Einmal täglich Weißdorn fürs Herz

Ein Blick auf die Statistiken zeigt, dass Herzerkrankungen in unserer Gesellschaft immer häufiger vorkommen. Empfohlen wird zur Prävention unter anderem, dass man weniger fette Nahrung zu sich nehmen und mehr Sport machen soll. Die nächste Pflanze auf unserer Liste hätte sich aber auch einen Platz in der Reihe der gängigen Präventionsmaßnahmen verdient: Der Weißdorn war nämlich die Arzneipflanze des Jahres 2019 und gilt als das einzig bekannte mild wirkende Mittel gegen Herzschwäche. Kein Wunder also, dass schon Plinius im alten Rom »*semel in die crataegus*« empfahl, also einmal täglich Weißdorn.

Neben den pharmazeutischen Präparaten kann man auch den wilden Weißdorn nutzen. Oftmals als Zierpflanze zu finden, ist das kleine Bäumchen aber auch in unserer Natur heimisch. Es wächst in Gebüschen und an Waldrändern, man erkennt es an seinem prägnanten Laub, weil es ein bisschen wie Blattpetersilie aussieht. Insgesamt sind drei Arten in Deutschland verbreitet, die sich auch untereinander vermehren können.

Die kleinen Apfelfrüchte des Weißdorns, die man in Büscheln ernten kann, sind gelbfleischig, mehlig und roh konsumiert nicht unbedingt lecker. Wenn man aus ihnen aber eine Marmelade kocht, dann färbt die rote Fruchtschale das gelbe Fleisch, und man bekommt eine sehr schmackhafte Zubereitung. Weißdorn geliert besonders gut, und da die Beeren weniger Wasser enthalten als andere Früchte, braucht man nur circa 20 Prozent Zucker, um ein haltbares Produkt einzukochen. Auch das ist positiv für die Gesundheit. Püriert man die Früchte mit gleichen Teilen weißem Balsamicoessig, genügen sogar zehn Prozent Gelierzucker, um ein köstliches Essig-Gelee zu fertigen. Das gibt ein wunderbares Salatdressing. Mit ein bisschen Übung kann jeder beim Spaziergang in der Natur die Wildpflanze ernten. An den weißen Blüten im Frühling und den roten Beeren im Spätherbst ist der Weißdorn leicht zu erkennen.

Von den circa 250 Weißdornarten weltweit sind drei in Europa heimisch, am bekanntesten sind der Ein- und der Zweigriffelige Weißdorn. Der Unterscheidung liegt im Blütendetail und in der Samenzahl. Weitere 20 ausländische Arten sind als Zierpflanzen in Parks und Gärten zu finden, und da alle Crataegus-Arten sich munter kreuzen, können nur Experten sie genau bestimmen. Aber alle Früchte sind essbar.

108 Wilder Meerrettich

Nicht nur die Wurzel ist ein Genuss

Der Meerrettich stammt eigentlich aus Südosteuropa, wurde aber seit dem Mittelalter in Deutschland angebaut und hat sich mit der Zeit aus der Kultur verwildert, sodass man heute in Deutschland Wilden Meerrettich ernten kann. Man findet ihn vor allem auf feuchten Wiesen, in Auen und entlang von Bächen. Vor allem im Umkreis seiner Hauptanbaugebiete ist er oft wild anzutreffen. Diese liegen im Spreewald, bei Baden und in Franken.

Die in Österreich auch Kren genannte Pflanze ist vor allem deshalb auffällig, weil ihre großen Laubblätter vom Frühjahr an senkrecht in den Himmel treiben. Dabei werden sie bis zu 60 Zentimeter lang. Allerdings empfiehlt es sich, die Blätter jung und aus der Treibmitte zu ernten. Denn dann schmecken sie lecker-scharf und sind eine tolle Ergänzung für jeden Salat. Auch die Blüten kann man ohne große Mühe im Salat unterbringen.

Kren ist übrigens das slowakische Wort für Wurzel, und für die ist der Meerrettich eigentlich bekannt. Die dicke, scharfe Pfahlwurzel wird im Herbst geerntet, sobald die Blätter abgestorben sind. Als Kreuzblütler ist der Meerrettich reich am Senfölglycosid Sinigrin, welches für den scharfen Geschmack verantwortlich ist. Außerdem enthält er die Vitamine C und B, viele Mineralien und Spurenelemente sowie Allicin, Butylsenföl und organisch fixierten Schwefel. All diese Inhaltsstoffe machen den einzigartigen und markanten Geschmack des Meerrettichs aus, sind aber auch gleichermaßen gesund und heilwirksam. Sie sollen bei Grippe, Kopfschmerzen, Gicht, Rheuma, Atem- und Harnwegserkrankungen und allerlei Pilzen, Hefen, Viren und Bakterien wirksam sein. Es lohnt sich also, die Augen nach dem Wilden Meerrettich offen zu halten. Vor allem, um auch mal in den Genuss der Blätter und Blüten zu kommen, die sonst von der Lebensmittelindustrie nicht verwendet und entsorgt werden.

Meerrettich wächst oft am selben Standort wie Stumpfer und Krauser Ampfer, und da die Blätter des Kren sehr formenreich sind, kann man sie leicht verwechseln. Zur Unterscheidung hilft es, die Mittelrippe zu biegen. Ampfer ist wie Gummi und oft rot überlaufen, Meerrettich ist weiß und bricht. Außerdem quietscht das glatte Krenblatt beim Aneinanderreiben, der rauere Ampfer nicht.

109 Yacon

Es muss nicht immer Kartoffel sein

Yacon stammt ursprünglich aus Südamerika. Wilde Formen der Pflanze besiedeln zum Beispiel die Cundinamarca-Hochebene in Kolumbien. Trotzdem ist die Yacon-Knolle auch für unsere Ernährung interessant, denn man kann sie auch in Deutschland kultivieren. Dafür spricht, dass sie hierzulande keine natürlichen Feinde hat, mal abgesehen von Wühlmäusen und Schnecken. Daher ist zu erwarten, dass die Inkawurzel, wie sie auch genannt wird, sehr widerstandsfähig ist. Und das ist genau das, was wir vor dem Hintergrund des drohenden Klimawandels brauchen!

In ihrer Heimat Südamerika gilt die Knolle schon seit Jahrhunderten als wertvolles, probiotisches Heilmittel. In der Vergangenheit wurde Yacon überwiegend in kleinen Auflagen von unabhängigen Bauern in Hochlandregionen angebaut. Erst die Kartoffel-Krise in den Jahren 1982/83 sorgte dafür, dass die Knolle verstärkt angebaut wurde, um die durch Dürre verursachten Ernteausfälle der Kartoffel auszugleichen. In Deutschland erforscht die Universität Hohenheim seit 2015, wie man Yacon landwirtschaftlich nutzen kann. Denn die Pflanze bietet im Gegensatz zu anderen Knollen einige Vorteile. Was sie unterscheidet, ist zum einen die Tatsache, dass sie Kohlenhydrate nicht in Form von Stärke, sondern als Inulin speichert. Das macht sie vor allem für Diabetikerinnen und Diabetiker interessant. Inulin beeinflusst nämlich den Blutzuckerspiegel positiv.

Yacon werden aber noch viel mehr positive Eigenschaften zugeschrieben: Die Knolle soll den Stoffwechsel anregen, das Hungergefühl eindämmen und eine gesunde Darmflora fördern. Auch geschmacklich überzeugt sie: Die Yacon-Knolle ist kochfest und hat einen fein ausgeprägten Birnengeschmack. Auch die Stängel kann man als Gemüse verwenden. Im Handel findet man Yacon-Blätter getrocknet und zu Pulver zermahlen, aber auch getrocknete und frische Knollen sowie Sirup.

Die Yacon-Pflanze ist mit der Sonnenblume und Topinambur verwandt, hat aber viel hübschere Blätter, und ihre Wurzelknollen sind praktisch wie Obst, nur eben zum Ausgraben.

110 Zedernuss

Eine Alternative zu Pinienkernen

Das Verbreitungsgebiet der Sibirischen Zirbelkiefer ist riesig: Es erstreckt sich von Russland über die Mongolei und China, wo die Kiefer in Lagen von 100 bis über 2.500 Metern in die Waldgrenzen wächst. *Pinus sibirica* ist eine Unterart der Zirbelkiefer und unterscheidet sich optisch unter anderem durch ihre walzenförmigen Zapfen. Außerdem sind Zedernüsse deutlich größer als Zirbelnüsse und haben eine wesentlich dünnere Schale.

Ein weiterer Unterschied liegt in ihrer Vermarktung: Während Zirbelnüsse vor allem als Papageienfutter verkauft werden, werden Zedernüsse als kleine Delikatesse für den Menschen angeboten. Ob als geschälte Rohware, als Flocken, Mus oder Öl – mit rund 50 Euro pro Kilo zahlt man einen vergleichbar stolzen Preis für die Nüsse. Auch wenn das nichts im Vergleich zu Bio-Pinienkernen aus Italien ist, denn hier kostet ein Kilo rund 120 Euro.

Zedernüsse gehören aus unserer Sicht zu den Lebensmitteln, die unseren Speiseplan in Zukunft bereichern werden, weil wir durch ihren Konsum die nachhaltige Waldwirtschaft in Nordosteuropa stärken. Ihre Ernte ist nämlich sehr aufwendig. Die Kerne sitzen im Zapfen der *Pinus sibirica*, direkt unter den Schuppen. Die werden allerdings erst im zweiten Jahr gebildet und können dann im Herbst geerntet werden. Pro Schuppe sind zwei Kerne im Zapfen enthalten. Die gilt es, nach dem Trocknen der Zapfen auszulösen und so den »Schatz« des Zapfens freizulegen. Kiefern sind auch deshalb interessant, weil sie jedem Klima trotzen. Eine wichtige Eigenschaft, die vor allem vor dem Hintergrund des Klimawandels an Bedeutung gewinnen wird.

Eine erhöhte Nachfrage nach den Nüssen trägt auch zum Artenschutz bei. Denn so werden die Zirbelkiefer-Bestände in Zukunft erhalten. Ebenso könnten die australischen Bunya-Nüsse und die südamerikanischen Piñones beispielsweise als Fair Trade Produkte gehandelt dazu beitragen, die Bestände zu erhalten und auszudehnen.

Zedernüsse sind reich an Pinolensäure, die sich kaum in anderen Lebensmitteln findet. Diese ungesättigte Fettsäure hat eine vorbeugende Wirkung gegen Herz-Kreislauf-Erkrankungen, weil sie sowohl Blutzucker- als auch den Cholesterinspiegel senkt.

111 Zurückgekrümmter Fuchsschwanz

Viel besser als Spinat

Der Fuchsschwanz ist ein weitverbreitetes Unkraut, welches ursprünglich aus Amerika stammt und bei uns vor allem in Weinbergen, auf Äckern, in Gärten, an Wegrändern und Brachen vorkommt. Vor allem für die konventionelle Landwirtschaft ist das Gewächs sehr lästig: Seine Vegetationsphase beginnt erst im Mai und Juni, sodass es den üblichen Sprühzyklen für Pestizide entkommt. Außerdem hat die Pflanze eine Resistenz gegen das gebräuchlichste Totalherbizid »Roundup« entwickelt, und so bildet der invasive Neophyt zuletzt gerne Großbestände.

Amaranthus retroflexus ist eine einjährige, krautige Pflanze und kann unter guten Bedingungen bis zu einem Meter hoch werden. An ihrem furchigen, behaarten Stängel bilden sich langstielige Blätter, die länglich-oval und deutlich geadert sind. In den Blattachseln knäulen sich zur Blüte ab Juli winzige gelbgrüne Blüten zu dichten, buschigen Scheinähren. Zur Fruchtreife im September öffnen sich die Kapseln, die einen glänzend schwarzen Samen enthalten. Verwandt mit dem Inkaweizen Amaranth, sind die winzigen weißlichen Körner eine sogenannte Pseudo-Zerealie. Das heißt, dass sie zwar nicht zur Gruppe der Getreidearten gehört, aber genauso nutzbar ist. Ebenso kann man die schwarzen Samen des Fuchsschwanzes verwenden, aber das Beste sind seine Blätter, die man jung beziehungsweise vor der Blüte, wenn sie noch zart sind, roh im Salat genießen kann. Dazu muss man die Pflanze dann aber auch eindeutig identifizieren können. Dabei hilft die prägnante Ähre. Die voll ausgewachsenen Blätter sind besser als Spinat, weil sie derber sind und einen tollen Geschmack haben.

Auch den Garten-Amaranth mit seinen schönen roten Ähren kann man als Lebensmittel nutzen. In Europa gibt es noch mindestens zehn andere Amaranth-Arten, die ebenfalls essbar sind, aber sich optisch oft deutlich unterscheiden.

Der Beiname »Zurückgekrümmt« gilt als nicht zutreffend und geht wohl auf einen Fehler bei der Erstbeschreibung zurück, da Carl von Linné wohl ein deformiertes Exemplar vorlag.

Gisela Hopfmüller, Franz Hlavac
111 Ideen für einen besonderen Garten
ISBN 978-3-7408-1382-6

Klaudia Blasl
111 tödliche Pflanzen, die man kennen muss
ISBN 978-3-7408-0441-1

Kirstin von Glasow
111 Gärten in London, die man gesehen haben muss
ISBN 978-3-7408-0141-0

Carsten Neß, Theo Haart
111 Tiere und Pflanzen an der Mosel, die man kennen muss
ISBN 978-3-7408-0563-0

Annett Klingner, Pascal Klunder,
Katja Erdmann
111 Dinge über Katzen,
die man wissen muss
ISBN 978-3-7408-1204-1

Roland Grumt Suárez,
Holger Grumt Suárez
111 Dinge über Affen,
die man wissen muss
ISBN 978-3-7408-1214-0

Walter M. Weiss, Ulrich Wernery
111 Dinge über Kamele,
die man wissen muss
ISBN 978-3-7408-1206-5

Rudolf Jagusch,
Susanne Jagusch
111 Dinge über Schweine,
die man wissen muss
ISBN 978-3-7408-0990-4

Holger Grumt Suárez,
Roland Grumt Suárez
111 Insekten, die täglich unsere Welt retten
ISBN 978-3-7408-0628-6

Maria Teresa Carbone
111 Hunde, die man kennen muss
ISBN 978-3-7408-0477-0

Monika Mansour
111 Pferde, die man kennen muss
ISBN 978-3-7408-0444-2

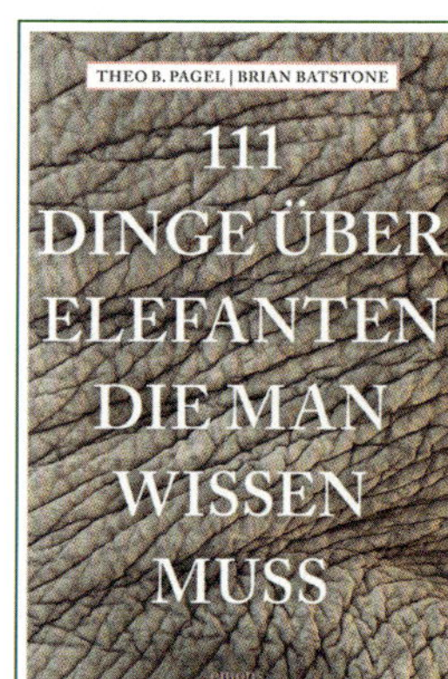

Theo B. Pagel, Brian Batstone
111 Dinge über Elefanten, die man wissen muss
ISBN 978-3-7408-0349-0

Elke Pistor
111 Katzen, die man kennen muss
ISBN 978-3-95451-830-2

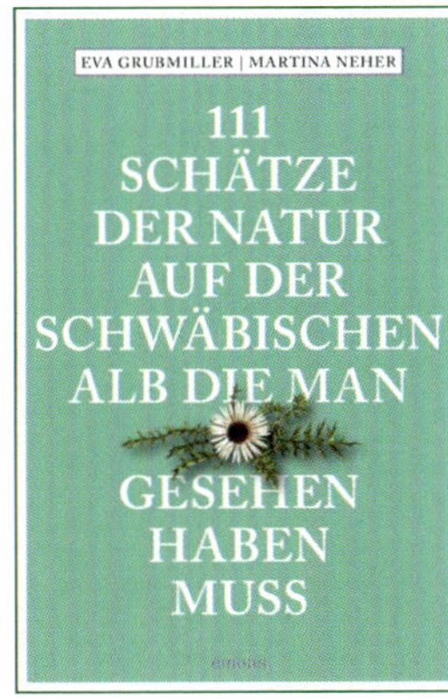

Eva Grubmiller, Martina Neher
111 Schätze der Natur auf der Schwäbischen Alb, die man gesehen haben muss
ISBN 978-3-7408-0248-6

Karin Blessing
111 Schätze der Natur im Schwarzwald, die man gesehen haben muss
ISBN 978-3-95451-701-5

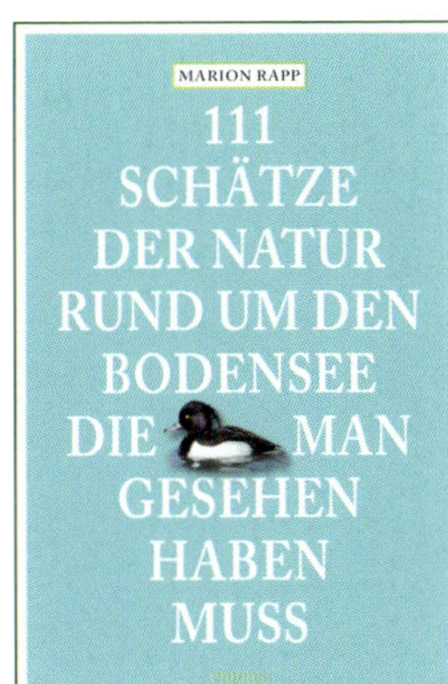

Marion Rapp
111 Schätze der Natur rund um den Bodensee, die man gesehen haben muss
ISBN 978-3-95451-619-3

Martin Nusch
111 Mal mit WDR 2 raus in den Westen
ISBN 978-3-7408-1191-4

Martin Nusch
111 Mal mit WDR 2 raus in den Westen, Band 2
ISBN 978-3-7408-1465-6

Tatiana Morlock
111 Alltagsabenteuer, die glücklich machen
ISBN 978-3-7408-1383-3

Patricia Szilagyi
111 extreme Orte in Europa, die man gesehen haben muss
ISBN 978-3-7408-0863-1

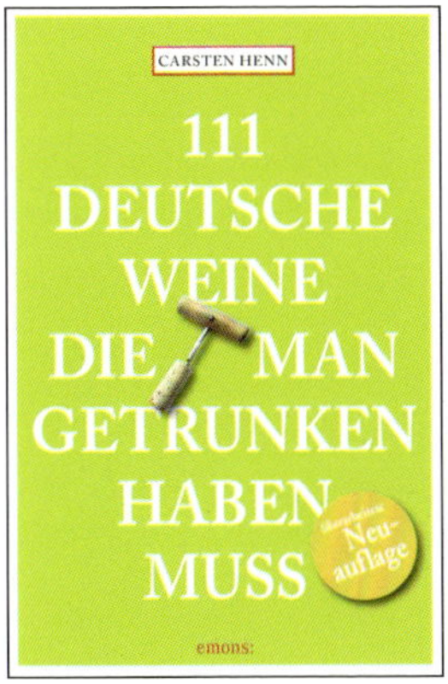

Carsten Henn
111 Deutsche Weine, die man getrunken haben muss
ISBN 978-3-7408-0732-0

Daniela Dejnega,
Luzia Schrampf
111 Weine aus Österreich, die man getrunken haben muss
ISBN 978-3-7408-0618-7

Pierre Thomas
111 Schweizer Weine, die man getrunken haben muss
ISBN 978-3-7408-1301-7

Carsten Henn
111 Weine aus aller Welt, die man getrunken haben muss
ISBN 978-3-7408-0859-4

Daniela Dejnega, Luzia Schrampf
111 Schaumweine aus aller Welt, die man getrunken haben muss
ISBN 978-3-7408-1222-5

Martin Droschke
111 Biere aus Altbayern und Bayerisch-Schwaben, die man getrunken haben muss
ISBN 978-3-7408-1069-6

Bernd Imgrund
111 Whiskys, die man getrunken haben muss
ISBN 978-3-7408-0242-4

Jens Dreisbach
111 Gins, die man getrunken haben muss
ISBN 978-3-7408-0571-5

Danksagung

Der größte Dank gilt wohl unserer Frau und Mama Fee sowie unserem Mann und Schwiegersohn Ludwig, die sehr viel Geduld mit uns hatten, beratend zur Seite standen und uns immer unterstützt haben. Ohne euch wäre es nicht möglich gewesen, dieses Projekt zu realisieren. Dank gilt auch Praktikantin Susanne Jacob-Beck, die zahlreiche Pflanzen für uns auf ihrem Hof kultiviert hat und die Porträts Meerfenchel, Spargelerbse, Meerkohl und Hirschhornwegerich beigesteuert hat. Ein großes Dankeschön gilt auch Sonja Erdmann vom Emons Verlag, die die Idee für dieses Buch mit uns entwickelt hat.

Peter Becker ist AEVO-geprüfter Koch, Gesundheitsberater für Ernährung, Wildkräuter-Dozent und Pilz-Coach. Mit seinen Büchern, Produkten, Seminaren und Kochevents möchte er ungenutzte Ressourcen erschließen, die Ernährungswende fördern und sich der extensiven Warenkunde widmen.

Marisa Becker arbeitet als freie Journalistin und Bloggerin in Leipzig. In ihrer Arbeit setzt sie sich crossmedial mit der Frage auseinander, wie wir unsere Zukunft nachhaltig gestalten können. 2019 hat sie das Online-Magazin »Ekologiska Mag« gegründet, das 2020 mit dem Hygge-Nachhaltigkeitspreis ausgezeichnet wurde. Sie moderiert außerdem ihren Podcast »Fairquatscht«.